中国石化“十四五”重点图书出版规划项目
碳达峰碳中和系列丛书

碳市场

——发展经验与碳资产管理实践

李 远 主编 蔡玉田 副主编

中国石化出版社
·北京·

内 容 提 要

本书详细梳理了碳市场的发展历史、理论基础及政策体系，并以化工和热电企业为例进行了配额缺口分析和降低碳交易成本的路径分析；分析并跟踪了全国碳市场价格的变化趋势和企业碳资产管理中可能存在的风险，认为决定碳市场交易收益的最重要因素是企业对于碳市场价格的预判和交易操作，现阶段影响企业碳资产管理的重要风险因素包括碳价波动、配额政策调整以及外部环境政策风险。基于上述研究，提出了我国企业进行碳资产管理的意见和建议。

本书可作为企业碳资产管理人员、高校碳资产管理相关专业师生的参考用书。

图书在版编目（CIP）数据

碳市场 ：发展经验与碳资产管理实践 / 李远主编；蔡玉田副主编 . -- 北京 ：中国石化出版社，2025. 8.（碳达峰碳中和系列丛书）. -- ISBN 978-7-5114-8025-5

Ⅰ. X511

中国国家版本馆 CIP 数据核字第 2025PG1856 号

中国石化出版社出版发行
地址：北京市东城区安定门外大街58号
邮编：100011　电话：（010）57512500
发行部电话：（010）57512575
http：//www. sinopec-press. com
E-mail：press@ sinopec. com
北京科信印刷有限公司印刷
全国各地新华书店经销
*
710 毫米 ×1000 毫米　16 开本　12 印张　4 彩插　237 千字
2025 年 8 月第 1 版　2025 年 8 月第 1 次印刷
定价：72.00 元

《碳达峰碳中和系列丛书》
编委会

《碳市场——发展经验与碳资产管理实践》
编撰人员名单

主　编：李　远

副主编：蔡玉田

主要撰写人员：

范　英　钟　铧　蔡玉田　姚　星　张楚珂
刘烜辰　白凌云　刘寅鹏

序

FOREWORD

习近平主席在第七十五届联合国大会一般性辩论上提出，中国将提高国家自主贡献力度，采取更加有力的政策和措施，二氧化碳排放力争于2030年前达到峰值，努力争取2060年前实现碳中和。明确的碳达峰碳中和目标愿景，为我国经济社会全面发展绿色转型指明了方向，为全球应对气候变化共同行动贡献了中国力量。

实现碳达峰碳中和是一项战略性、全局性、系统性的工作，要求我国建立健全绿色低碳循环发展的经济体系，建立清洁、低碳、高效、安全的现代化能源生产和消费体系。炼化行业是关系国计民生的基础性、支柱性行业，产品种类多、经济总量大、产业链长。在碳达峰碳中和背景下，炼化行业既要担负起确保国家油气安全及合成材料稳定供应的责任，还要加快推进行业自身的绿色低碳发展。

中国石化将助力实现国家碳达峰碳中和目标作为政治责任，围绕碳达峰碳中和重大战略任务进行统筹谋划，与国内知名高校合作，组织团队围绕节能减碳开展了比较系统的研究。包括宏观层面的结构转型、减碳路径、减碳成本等全局性问题，也包括微观层面的节能减碳技术、能源结构与产业结构转型、碳足迹、绿色产品等行业性问题，同时还前瞻性地开展了碳交易、碳金融等新领域的研究，形成了一批有价值的研究成果。这套《碳达峰碳中和系列丛书》是这些优秀成果的汇编，对炼油石化行业推进节能减碳、实现碳达峰碳中和有重要指导意义。这套丛书具有以下鲜明的特点：

（1）炼化行业特色突出。这套丛书共有六个分册，每一册都和炼油石化行业节能减排的实践活动密不可分。丛书内容重点反映的中国石化在节能减排实践活动中形成的成果，具有鲜明的行业特色。如丛书提出的对炼化行业碳足迹的评价方法、减碳成本核算方法等是采用规范的研究方法，根据炼化行业的特点，坚持问题导向进行实践指导分析研究得到的，在炼化行业是具有新颖性的研究成果。本书既可以为普通读者普及碳达峰碳中和的基础知识，又可以为炼化行业节能减碳提供专业性的参考。

（2）丛书分册之间有明确的逻辑关系。丛书六个分册中都有各自的重点内容，分册之间又上下衔接互相关联，使丛书具有系统性。第一分册《碳达峰碳中和——工业高质量发展之路》，就"双碳"目标引领下我国工业高质量发展所面临的机遇和挑战进行了系统阐述分析并提出了相关建议，是对整套丛书的宏观把控；第二分册、第三分册和第四分册分别从碳足迹评价、碳减排成本核算和碳资产管理角度，为企业"双碳"能力提升提供了方法论与实践的支撑；第五分册《炼化企业碳达峰碳中和路线图》按炼化产业发展现状研究、温室气体排放研究及关键减排技术与措施研究为脉络展开论述，最终形成我国炼化产业碳达峰碳中和路线图，是整个碳达峰碳中和路径的凝练和总成；第六分册《炼化行业节能与减碳实践》是整个系列丛书的实践单元，它汇聚了中国石化多年来节能减碳的优秀案例，与前五分册相辅相成，共同构成了完整的"双碳"工作体系。

（3）瞄准未来发展方向。面对碳达峰碳中和新目标新形势，炼化行业要主动拥抱能源革命和产业变革，加快新技术、新工艺、新设备、新材料研发和应用，坚定推进调整结构、转型升级，实现可持续发展。这些在丛书中得到了体现，可为炼化行业的绿色低碳发展路径提供有益的参考。

希望这套丛书能得到炼化行业广大读者的喜爱，并能借鉴书中提供的思路与方法开展节能减碳的实践。

前言

PREFACE

气候变化是当今人类社会面临的最严峻的全球性挑战之一。实现可持续发展目标、推动全球低碳转型，需要各国在制度、技术与市场机制方面不断创新与深化。作为市场化手段中最具代表性的工具之一，碳排放权交易制度已在全球范围内被广泛采纳，并成为推动温室气体减排、优化资源配置的重要制度载体。

中国高度重视应对气候变化工作，国家主席习近平在联合国大会上庄严宣布“双碳”目标，提出“2030年前碳达峰、2060年前碳中和”的庄严承诺，标志着我国进入碳约束与绿色发展的新阶段。在2023年7月召开的全国生态环境保护大会上，习近平总书记提出要“建成更加有效、更有活力、更具国际影响力的碳市场”，这既是我国落实碳中和目标的重要制度安排，也是引导产业结构调整、推动企业绿色转型的关键抓手。

我国碳市场的发展起步于地方试点，逐步过渡到全国统一市场。2011年以来，深圳、上海、北京、广东、天津、重庆、湖北等7个省市率先启动碳排放权交易试点，积累了宝贵的制度探索与监管经验。2021年，全国碳排放权交易市场正式上线交易，标志着我国碳市场从局部试点迈入全国统一阶段。特别是发电行业作为首个纳入全国碳市场的重点行业，为未来更多行业和主体参与碳交易奠定了基础。

碳市场作为新型要素市场，其运行机制、价格形成、配额分配、履约机制及企业碳资产管理等方面具有高度的专业性和复杂性。当前，如何有效提升碳市场的市场性、活跃度和政策协同性，是碳市场高质量发展面临的关键命题。同时，碳市场价格波动、配额政策不确定性以及外部环境政策变动等，也为企业碳资产管理带来了新的风险挑战与操作难题。企业能否科学判断碳价走势、合理布局交易策略、高效管理碳资产，已成为决定其在碳市场中能否获得收益和增强竞争力的核心要素。

本书《碳市场——发展经验与碳资产管理实践》正是在这样的背景下撰写完成。全书共分七章，内容体系严谨、结构清晰，兼顾理论梳理与案例分析、政策解读与路径研究，旨在为企业、政府、高校和研究机构提供一部系统、实用、深入的碳市场研究与管理参考书。

第一章以碳市场的背景及其战略意义为切入点，回顾了全球碳交易制度的发展脉络，阐述了碳市场在我国“双碳”目标下的重要作用和多重意义，为全书奠定宏观基调。

第二章系统梳理了国内外碳市场的研究进展与建设经验。通过对比国外成熟碳市场的理论基础与实践路径，分析我国碳交易试点城市的运行成效和制度创新，总结各地在配额分配、履约核查、市场监管等方面的典型经验。

第三章深入探讨了碳交易市场的理论基础，包括公共物品理论、外部性理论、比较优势理论等，明确了碳市场的经济逻辑。同时还对可转让排污许可制度、日内许可与非许可交易、政策设计原理等核心概念进行了细致剖析。

第四章从政策工具视角切入，分析了我国气候投融资政策体系的构建现状，阐明了碳金融、碳基金、绿色信贷等市场机制与碳市场的耦合关系，指出绿色金融体系与碳市场协同发展的重要意义，并对碳金融衍生品市场的潜力进行了前瞻性研判。

第五章聚焦重点排放行业——化工与热电行业的碳排放现状与配额缺口问题，采用数据测算和情景模拟的方法，深入剖析了两类企业在履约压力、碳资产状况与排放趋势方面的异同，为政策制定与行业管理提供了数据支撑。

第六章进一步从成本控制视角出发，提出降低碳交易成本的技术路径与管理方法。内容涵盖企业面临的碳价波动风险、配额调控不确定性、境内外政策联动效应，以及企业在碳资产管理实践中所面临的瓶颈与对策。典型企业案例的引入提升了分析的实操性与参考价值。

第七章为全书总结章节，对研究发现进行了系统归纳，并对我国碳市场未来的发展方向、管理建议与政策优化提出了若干前瞻性建议。配套的碳市场问答部分，则以通俗语言解答了读者关心的核心问题，增强了读者的理解力与应用力。

本书第一章、第二章、第三章、第四章、第七章由李远编写，第五章和第六章由北京航空航天大学低碳治理与政策智能实验室范英、钟铧、姚星、刘寅鹏编写，本书所涉及的案例数据由张楚珂、刘烜辰、白凌云调研，蔡玉田统筹整理。研究生朱禹萌、王凡、郝瑾烁、高睿婷、宋智韬、张子涵参与了本书的校对工作。本书的编写得益于多年来对我国碳市场运行的深入观察与持续跟踪，更离不开各方专家、企业代表与政府监管人员的调研访谈和数据支持。感谢中国石油化工集团公司孙志斌、王之茵、黄志壮、王乐等专家在本书编写过程中提出的宝贵意见。我们相信，碳市场的成长不只是制度构建与技术手段的堆叠，更是企业战略转型、政策体系协同与全社会绿色意识提升的协同过程。

本书既可作为企业碳资产管理与战略决策的重要参考资料，也适合高校碳管理、能源经济、环境政策等相关专业师生的课程学习与研究使用。同时也希望通过本书的出版，助力我国碳市场在不断完善中走向更加高效、公平、透明与国际化的发展道路。

由于作者水平有限，难免有欠妥和疏漏之处，敬请读者批评指正。

编者

2025年7月

目录

CONTENTS

第一章

碳市场背景及意义

PART

1.1 碳交易发展的背景和问题

1.1.1 气候变化与碳排放

气候变化问题已经成为全世界面临的重大挑战之一。日益加剧的全球气候变暖导致极地冰川消融、海平面上升、极端天气频发、物种加速灭绝，严重威胁人类生存发展。有证据表明，化石燃料燃烧、土地利用变化等人类活动导致的温室气体排放是全球气候变暖的重要原因。世界各国政府、科学界和企业界对气候变化问题已经形成了明确的共识，即由温室气体排放导致的气候变化问题将会给全世界带来不可预计的后果，因此各个国家应当立即采取温室气体减排措施以缓解气候变化问题。

温室气体是指大气中吸收和重新放出红外辐射的自然和人为的气态成分，包括二氧化碳（CO_2）、甲烷（CH_4）、氧化亚氮（N_2O）、氢氟碳化物（HFCs）、全氟化碳（PFCs）、六氟化硫（SF_6）和三氟化氮（NF_3）。2024年，联合国气候变化框架公约（UNFCCC）秘书处发布了《2024年国家自主贡献（NDCs）综合报告》，报告评估了各国当前的国家气候计划以及其他措施对2030年预期全球排放量的综合影响。政府间气候变化专门委员会（IPCC）指出，与2019年的水平相比，到2030年，温室气体排放量需要减少43%。到2035年，全球温室气体净排放量需要比2019年减少60%。这对于21世纪将全球变暖限制在1.5℃以避免最严重的气候影响至关重要。

为有效应对全球气候变暖给人类社会造成的不利影响，世界各国早在1992年就已通过《联合国气候变化框架公约》，初形达成了“控制大气中的温室气体浓度、防止气候系统受到危险干扰”的共识。之后，在1997年达成的《京都议定书》中，各缔约方进一步明确了温室气体减排的范畴及全球范围内的短期减排目标。然而，《京都议定书》“自上而下”分配减排责任的特点使其必须面临地区间、国家间利益权衡的问题。减排责任的分配问题一时间成为社会各界争论的焦点，如何应对全球气候变暖也从单纯的环境治理问题转变为地区间、国家间的政治问题。可惜的是，这场声势浩大的全球减排行动因难以平衡各缔约方利益，最终未能促成稳定、具体的减排目标和行动。2011年，美国、加拿大相继宣布退出《京都议定书》，几乎宣告了该协定的“破产”。

为了应对气候变化的挑战，2015年，《联合国气候变化框架公约》第二十一届缔约方会议在法国巴黎召开，大会通过的《巴黎协定》重申了将21世纪末的全球平均温升幅度控制在2℃以内的共识性目标，并承诺为1.5℃目标持续努力（巢清尘等，2016；IPCC，2014）。全世界197个国家于2015年通过了《巴黎协定》，以各缔约国“自下而上”的国家自主贡献（Nationally Determined Contributions，NDCs）为行动基础，推进应对全球气候问题的合作，以大幅减少全球温室气体排放并将21世纪全球气温升幅限制在2℃以内，同时寻求将气温升幅进一步限制在1.5℃以内的可行性措施。截至目前，全球已共有189个国家加入了《巴黎协定》，其中100多个国家承诺2050年实现碳中和，IPCC将“碳中和”定义为净零二氧化碳排放（Net Zero），即指在特定时期内全球人为二氧化碳排放量与二氧化碳消除量相等。区别于《京都议定书》“自上而下”分配减排责任的特点，《巴黎协定》允许各缔约方基于自身的减排责任与能力，“自下而上”地提交关于温室气体减排NDCs目标，从而避免了减排责任分配方案选择与制定的问题（Brunnée和Streck，2013；Dimitrov，2016；Jacquet和Jamieson，2016）。

2023年12月召开的第28次联合国气候变化大会（COP28）发布了一份具有里程碑意义的全球制冷承诺（Global Cooling Pledge）。全球制冷承诺为：承诺通过具体行动为实现可持续制冷提供机会，旨在通过集体全球目标提高雄心和国际合作，到2050年将制冷相关排放量从现在起减少68%，到2030年显著增加获得可持续制冷的机会，并将全球新空调的平均效率提高50%。

在2024年11月，《联合国气候变化框架公约》第二十九次缔约方大会（COP29）上，发布了《2024年气候状况COP29更新报告》，指出温室气体观测水平创纪录并仍在上升。具体而言，2023年，大气中二氧化碳、甲烷和氧化亚氮这三种关键温室气体的浓度达到了创纪录的最高观测水平。报告还指出，当前海洋变暖速度尤为明显，由水温升高导致的热膨胀，以及冰川和冰盖融化，海平面在加速上升。

至今，全球已有165个国家和地区向联合国递交了相应的NDCs目标，其内容涵盖了全球90%以上的温室气体排放量。然而，最新研究表明，即使所有缔约方均如期实现其NDCs目标，本世纪末的全球平均温升幅度仍将超过2.9℃，不但超出IPCC（2018）再次呼吁的1.5℃温升控制目标近一倍，就连2℃目标也无法实现，进一步更新与强化各国当前NDCs目标迫在眉睫。

早在2015年《巴黎协定》谈判过程中，我国就向联合国递交了关于温室气体减排的NDCs目标，承诺“碳排放总量在2030年达到峰值并争取尽早达峰；单位国内生产总值CO_2排放（即碳排放强度）较2005年下降60%～65%”，初步形成了碳排放强度下降和总量达峰的“双重”目标（以下简称“碳减排‘双重’目标”）。之后，为积极响应联合国关于更新与强化各国NDCs目标的号召，国家主席习近平在2020年9月召开的联合国大会上承诺我国将在2060年前实现碳中和。在同年12月召开的气候雄心峰会上，又进一步将我国2030年碳排放强度的下降目标提升至65%以上。如何运用经济管理手段在落实我国碳减排“双重”目标的同时，降低碳减排成本成为我国气候治理领域的重要议题。

1.1.2 应对气候变化的政策工具

作为世界第二大经济体和全球最大的二氧化碳排放国，我国在气候变化领域发挥着至关重要的作用。我国高度重视应对气候变化，积极推动促进高质量可持续发展的重要战略举措，从“十二五”起，以单位GDP碳排放强度作为系统性、约束性目标，逐年制定碳排放下降系数，并在2015年提出了碳排放2030年左右达峰等自主贡献目标，履行《巴黎协定》的承诺。2016年发展改革委和国家能源局联合发布了《能源生产和消费革命战略（2016—2030）》的通知，提出非化石能源电力占总电量消费50%的2030目标，在届时一次能源用于发电比例约达50%的情况下，非化石能源在一次能源消费中比重达25%左右，GDP的二氧化碳强度比2005年可下降65%～70%。截至2020年末，中国碳排放强度比2015年降低了18.8%，比2005年降低了48.4%，超过了向国际社会承诺的40%～45%的目标，基本扭转了二氧化碳排放快速增长的局面。在能源消费结构方面，非化石能源占能源消费比重达15.9%，比2005年提升了8.5个百分点，对煤炭消费的依赖显著下降，能源结构优化取得明显成效。2020年9月，中国国家主席习近平在第七十五届联合国大会一般性辩论上宣布，中国“CO_2排放力争于2030年前达到峰值，努力争取2060年前实现碳中和”。随后，“碳达峰”和“碳中和”也被首次写入政府工作报告，强调扎实做好“碳达峰碳中和”各项工作，优化产业结构和能源结构。

近年来，以碳税和碳交易为代表的碳价政策已成为世界各国平衡温室气体减排和经济社会发展的重要政策工具。其中，碳税政策作为价格控制工具，可以根据化石燃料中的含碳量向上游能源生产者或下游能源消费者征收一定价格的税费，分别形成基于能源生产和基于能源消费的征税方式，通过将外部成本内部化，最终实现减少化石能源使用、控制温室气体排放的目的。鉴于碳税政策制度成本相对较小、释放的价格信号相对稳定等优点，该政策率先在丹麦、芬兰、瑞典等国家实行。至今，全球已有近30个国家和地区利用碳税政策推动区域温室气体减排。

与碳税政策相比，碳交易机制在碳排放权总量设定与分配的基础上，允许交易主体在一定范围内以货币形式相互调剂碳排放权，从而以最低成本实现区域的宏观碳减排目标。区别于碳税政策相对稳定的价格信号，碳交易机制下的排放权交易价格可以根据市场供需状况上下波动，因此具有更高的政策灵活性。但与此同时，碳交易机制的设计过程也更为复杂，如何设定区域碳排放权总量、确定行业覆盖范围、分配初始碳排放权成为其设计过程中的基础性问题。

自2005年欧盟碳交易市场建成以来，碳交易市场作为各国减排温室气体的重要经济工具之一，截至2023年末，已在包括中国、欧盟碳排放交易体系（The European Union Emissions Trading Scheme，以下简称EU-ETS或欧洲碳市场）在内的多个国家和地区成功实施。已有36个碳市场在运行中，另有22个司法管辖区处于不同的考虑与政策制定阶段。碳市场已成为控制区域温室气体排放、降低碳减排成本的重要政策工具。然而，近年来全球各地碳交易价格持续走低、碳减排成效不尽如人意、碳交易市场的建设进程稍显缓慢，碳交易机制的设计与运行正面临巨大挑战。以欧盟碳交易市场为例，其碳交易价格已由2008年的30欧元/t持续下降至2013年后的不足5欧元/t，远低于2℃温升控制目标下40～80美元/t的同期理想碳价水平。“十四五”期间，全国碳市场配额成交均价预计突破105元/t；“十五五”期间，预计突破200元/t。除全球经济危机等因素外，碳交易机制设计过程中的碳排放权总量设定、行业覆盖范围确定、初始碳排放权分配等问题悬而未决，已成为阻碍各国碳交易市场建设进程、影响碳交易机制减排成效的重要原因。

我国在碳交易机制领域的尝试亦历来已久。早在2011年11月，发展改革委就批准湖北、广东、北京、上海、深圳、重庆、天津七省市启动碳排放权交易试点建设。2013年6月，我国首个碳交易市场在深圳正式运行。继湖北、广东、北京等省市之后，福建和四川于2016年加入试点行列，启动碳交易市场建设。

迄今为止，我国碳排放权交易试点已囊括电力、热力、水泥、交通运输、钢铁等多个行业，覆盖责任企业3000余家，累计碳排放权交易规模近5亿t，成交额约114亿元。得益于碳排放权交易试点建设的宝贵经验，发展改革委于2017年12月印发《全国碳排放权交易市场建设方案》（以下简称《方案》），标志着全国碳交易市场启动建设。《方案》提到全国碳交易市场的建设工作将分为基础建设期、模拟运行期和深化完善期三个阶段，预计在2020年前后正式运行。2019年，生态环境部印发《碳排放权交易管理暂行条例（征求意见稿）》，初步规定了全国碳交易市场的行业覆盖范围、职责分工和运行机制等内容。全国碳市场于2021年7月正式启动，首批纳入发电行业重点排放单位2162家，覆盖约45亿t二氧化碳排放量。根据上海环境能源交易所的数据，2024年7月16日，全国碳市场上线三年以来，碳排放配额累计成交量4.65亿t，累计成交金额269.69亿元。2021年9月，国务院发布《关于完整准确全面贯彻新发展理念做好碳达峰碳中和工作的意见》，提出要依托公共资源交易平台，加快建设完善全国碳排放权交易市场，逐步扩大市场覆盖范围，丰富交易品种和交易方式，完善配额分配管理。2021年10月，国务院印发《2030年前碳达峰行动方案》，明确提出要发挥全国碳排放权交易市场作用，进一步完善配套制度，逐步扩大交易行业范围。

碳交易市场不仅为我国温室气体减排、低碳技术投资和能源结构转型作出了重要贡献，更已成为落实我国2030年碳减排“双重”目标、2060年碳中和目标的重要政策保障。但与此同时，当前我国碳交易市场仍然面临诸多现实问题。与全球2℃温升控制目标下近百美元的同期理想碳价相比，各试点省市的碳交易价格严重偏低，近年来稳定在30元/t左右，且交易价格仍在不断走低；自开市以来，全国碳交易市场碳排放配额的交易价格也仅为40～60元/t。2023—2024年碳交易价格出现明显升高，超过100元/t。显然，过低的碳交易价格并不利于区域低碳技术投资和能源结构转型，长此以往可能导致其碳排放水平偏离理想的排放路径，最终影响我国宏观碳减排目标的如期实现。严格依照碳减排“双重”目标设定、分配区域碳排放权总量已成为解决上述问题的重要方式。受制于理论与实践层面的诸多限制，全国碳交易市场的行业覆盖范围已由最初设想的石化、化工、建材、钢铁、有色金属、造纸、电力、航空等八大行业逐步调整为单一的电力行业。

1.1.3 应对气候变化与宏观经济发展

在实现绿色转型的同时，“双碳”目标给我国宏观经济发展、工业企业生产和经济增速带来巨大挑战。根据国家统计局数据显示，2020年中国一次能源生产总量达40.8亿tCE（同比增速2.7%），原煤产量39亿t（同比增长1.4%），原油产量1.95亿t（同比增长1.6%），天然气产量1925亿m^3（同比增长9.8%），发电量为77790.6×10^8kW（同比增长3.7%），但中国人均一次能源消费量仅为OECD国家的一半。随着中国现代化和城镇化进程的推进，在保持5%以上的经济增速目标下，中国未来能源需求有较大的增长空间和潜力。而随着人均能源消费增加和工业生产增加所带来的二氧化碳排放成本势必又要影响企业用电成本和生产价格指数（PPI），甚至物价水平（CPI）和经济增长速度，尤其是以传统化石能源消费为主的耗能行业。近年我国单位GDP能耗保持了逐年下降的趋势，累计降幅近84%，节能降耗成效显著，能源利用效率提升较快，但与发达国家相比，我国单位GDP能耗仍是世界平均水平的1.5倍。相较于欧洲和日韩等发达国家和地区，中国计划从碳达峰到碳中和之间只有30年的时间，远低于发达国家的40~60年，因此温室气体减排的任务更加紧迫，面临着更大的挑战。由于能源利用效率边际提升的成本递增，能耗下降幅度将逐年递减，这将给化工和热电企业减排脱碳带来新的挑战，需要企业从碳资产优化层面开展更为深层次的战略改革。

综合多家政府机构、科研智库的调查分析，对中国“双碳”绿色发展路径有两点普遍共识。第一，在目前的减排政策下，我国将于“十四五”中后期进入碳排放平台期，并在“十五五”中期达到不超过109亿t二氧化碳排放的峰值，提前实现自主贡献减排承诺的2030年左右达到峰值的目标。在2030年，单位GDP二氧化碳排放比2005年下降70%左右，超额完成60%~65%（60%以上）的下降率的目标。第二，工业生产行业（如钢铁、水泥、化工）和热电行业将成为未来中国实现碳中和目标的重点关注行业。首先，工业生产行业是最主要的能源消费和二氧化碳排放部门。不同政策分析机构都指出，为了实现2℃目标，2050年全球工业部门终端能耗需要比2015年至少减少约26%，二氧化碳排放将减少65%以上。因此，未来工业生产减排的重点策略应集中在调整产业结构，加强工业部门电气化，以电力替代煤炭、石油等化石能源的直接消费。其次，实现工业生产电气化减排需要电力生产部门实现深度“脱碳”，大幅提高可再生能源发电占比。不同研究机构的调研中均预测，在2℃情景的政策情境下，我国电力总需求在2050年将达到13.1PW·h以上，因此未来实现电力系统深度脱碳的重点策略集中在以新能源为主体的安全、可靠和可持续的能源体系。根据世界资源研究所（WRI）预测，中国发电和供热行业所产生的温室气体排放占全国总排放的4成左右，工业生产过程产生的温室气体排放约占10%，与全球数据相比中国热电行业和工业生产部门的碳排放占比明显偏高。因此，发电行业和工业部门将会成为我国实现“双碳”绿色发展目标中的最重要环节。

1.2 碳市场在“双碳”目标中的重要作用和意义

2021年9月发布的《中共中央　国务院关于完整准确全面贯彻新发展理念做好碳达峰碳中和工作的意见》指出，推进市场化机制建设，加快建设完善全国碳排放权交易市场。2021年10月国务院印发的《2030年前碳达峰行动方案》进一步提出，建立健全市场化机制，发挥全国碳排放权交易市场作用。全国碳市场对中国“双碳”目标的重要作用和意义主要体现在以下方面：

一是形成明确的减排目标及总量控制分解机制。碳市场的核心是“总量控制与交易”机制。政府部门根据国家温室气体排放控制要求，综合考虑经济增长、产业结构调整、能源结构优化、大气污染物排放协同控制等因素，制定碳排放配额总量确定与分配方案。通过将整体减排目标分解到被碳市场覆盖行业和相关受到管控的重点排放单位，以企业为微观单元，倒逼产业结构低碳化、能源消费绿色低碳化，促进高排放行业率先达峰，进而促进部分地区率先达峰。

二是通过交易机制为碳减排释放价格信号。低碳转型从长远看有利于提高行业企业竞争力，短期受行业和技术水平的影响，减排成本存在差异。全国碳市场在初始分配的配额和企业实际排放量之间建立供求关系，交易系统汇集大量的市场主体交易信息，形成公开透明的市场化碳价，并提供经济激励机制，将资金引导至减排潜力大的行业企业，在促进减排的同时，也能刺激前沿技术创新和市场创新，降低行业总体减排成本，给经济增长注入新的低碳动力。

三是压实碳减排责任，强化激励约束机制。气候变化问题具有外部性，碳市场通过建立“国家—地方—行业—企业”等多层级的碳排放管理机制，将碳达峰碳中和相关工作层层落实。达到一定排放规模的行业和企业将被纳入碳排放管理，通过碳交易机制把控制和减少碳排放的社会责任转变为企业内部碳排放管理要求，进一步压实企业碳排放管理责任，促使经济主体主动降低排放，形成全社会有效的碳排放激励和约束机制。

四是构建碳减排抵消机制推动全社会绿色低碳发展。通过构建全国碳市场温室气体自愿减排交易机制、碳普惠机制等，促进增加林业碳汇，促进可再生能源的发展，助力区域协调发展和生态保护补偿，倡导绿色低碳的生产和消费方式，形成碳配额市场和碳减排市场互为补充、协同发展且集聚效应凸显的全国碳市场格局，加快形成有效的减污降碳的激励机制，调动全社会自觉自愿参与碳减排活动的积极性。

五是促进碳金融发展，积极树立负责任的国际减排形象。我国可依托全国碳市场有序发展具有国际影响力的碳交易中心、碳定价中心、碳金融中心，为绿色低碳发展转型和实现碳达峰碳中和提供投融资渠道，体现低碳投资的长期价值。同时，也为我国积极参与国际碳定价机制提供途径，进一步倒逼我国能源结构、产业结构的调整优化，带动绿色产业强劲增长，实现高质量发展，树立我国积极控制碳排放、构建人类命运共同体的负责任大国形象。

全国碳排放权交易市场是利用市场机制控制和减少温室气体排放，推动绿色低碳发展的一项制度创新，也是落实习近平主席对外庄严宣布承诺我国二氧化碳排放力争于2030年前达到峰值、努力争取2060年前实现碳中和的国家自主贡献目标的重要核心政策工具。2021年是全国碳市场第一个履约周期，纳入发电行业重点排放单位超过了2000家，经测算，纳入首批碳市场覆盖的这些企业碳排放量超过40亿t二氧化碳，意味着中国的碳排放权交易市场一经启动就将成为全球覆盖温室气体排放量规模最大的碳市场。

全国碳市场对中国碳达峰碳中和的作用和意义非常重要。主要体现在这几个方面：一是推动碳市场管控的高排放行业实现产业结构和能源消费的绿色低碳化，促进高排放行业率先达峰。二是为碳减排释放价格信号，并提供经济激励机制，将资金引导至减排潜力大的行业企业，推动绿色低碳技术创新，推动前沿技术创新突破和高排放行业的绿色低碳发展的转型。三是通过构建全国碳市场抵消机制，促进增加林业碳汇，促进可再生能源的发展，助力区域协调发展和生态保护补偿，倡导绿色低碳的生产和消费方式。

国内外实践表明，碳市场是以较低成本实现特定减排目标的政策工具，与传统行政管理手段相比，既能够将温室气体控排责任压实到企业，又能够为碳减排提供相应的经济激励机制，降低全社会的减排成本，并且带动绿色技术创新和产业投资，为处理好经济发展和碳减排的关系提供有效的工具。

第二章

国内外碳市场研究进展

PART 2

2.1 国外碳市场研究进展

2.1.1 国外碳交易市场理论机制

（1）理论基础

全球各国相继通过协同合作及其气候环境政策目标的制定来应对气候变化问题。1992年联合国环境与发展大会通过了《气候变化框架公约》。公约不仅是世界上第一个全面控制温室气体排放的国际公约，而且也为在应对气候变化方面的国际合作提供了一个基本框架，遗憾的是公约并没有从法律上对缔约方的排放进行强制限制。直到1997年，《京都议定书》达成，才使得发达国家需要承担减少温室气体排放的法律义务。《京都议定书》把碳排放权视为一种可交易的商品，并鼓励在此基础上形成碳排放权交易市场。2005年2月16日，《京都议定书》生效。同年，为逐步实现《京都议定书》中减少温室气体排放的主要目标，欧盟率先建立起全球首个碳市场——EU-ETS。2005—2020年，EU-ETS的交易量从9400万t增加到103亿t，2020年交易量达到全球碳交易市场的90%，是世界范围内最成熟的统一碳市场。EU-ETS将欧盟配额（European Union Allowance，EUA）期货价格作为中介，将环境成本内部化给碳排放企业。

碳交易的经济学理论是通过产权分配与界定对排放权进行交易的“科斯定理”（Coase Theorem）。科斯（1960）认为市场失灵的根源在于产权失灵，可以通过产权的明确界定，实现外部成本内部化。碳交易使得人们应对气候变化的行动被纳入市场经济框架下，以最有效率的方式完成。1969年，美国经济学家戴尔斯（Dales）在《污染、财富和价格》中借鉴科斯产权理论中的“确权与交易”思想，首次提出了排放权交易的构想。他认为，排放权交易是在设定排放总量目标的前提下，确立排放权的稀缺性；通过无偿（政府配额）或有偿（市场拍卖）的方式在一级市场上分配排放权，明晰市场参与者的配额产权；依托公开、公平和公正的交易平台，实现排放权二级市场交易和环境资源商品化，从而发挥市场在价格发现与资源配置中的作用，促进低成本、高效率、目标明确的整体减排。

20世纪70年代初，蒙哥马利（Montgomery）利用数理经济学的方法，建立不同的许可市场均衡，并严谨地证明了排放权交易体系具有控制污染排放的成本效率特性，即以最低成本实现污染控制目标，以及激励生产者采取行动达到最优污染控制水平。这主要是通过发挥市场在价格发现与资源配置中的作用，从而促进实现低成本、高效率、目标明确的整体减排。

1990年在美国环保协会的力促下，美国环境保护局通过《清洁空气法修正案》建立了"酸雨计划"。该计划规定了发电厂二氧化硫年排放890万t的初始总量限额，并允许进行排放权交易。"酸雨计划"大获成功，1990—2007年，美国二氧化硫排放量减少了43%，而执行成本仅为预算的1/4。随后，区域清洁空气市场激励计划（RECLAIM）实施氮氧化物和二氧化硫的排放交易，美国东北部多个联邦州也在20世纪90年代末开始实施氮氧化物排放权交易。

1992年，联合国"地球峰会"在巴西里约热内卢召开，多位参与美国环境保护局"酸雨计划"的专家也现身里约热内卢。科斯教授的学生桑德尔（Sandor）位列其中，受邀在大会上演讲，会后发表了题为《探索树林：市场构造和可交易的二氧化碳减排配额》的文章，文中详细阐述了确立二氧化碳排放权的初始分配并允许其市场交易将能够有效降低减排成本、提高减排效率的设想。

在桑德尔的设想中，碳市场的具体运行机制可简化为资源配置和价格发现的动态过程。资源配置指的是给定碳价下的减排资源得到优化配置，即通过市场柔性机制引导减排行为发生在最符合成本效率原则的空间和时间。价格发现则是指为实现既定减排目标，碳市场供求关系的相互作用会使得碳价最终达到均衡，揭示出当前技术水平与减排目标下的最后一吨减排量的边际减排成本。

首先，在给定碳价的情景下，边际减排成本较高的超额排放企业从超额减排企业处购买配额，同时边际减排成本较低的企业采用成本低于市场碳价格的减排手段来实现有效减排，并将多余的碳配额向市场出售以获取额外减排的收益。如图2–1所示，在碳市场的交易费用为零的情况下，这种由市场机制推动的结构性减排将会持续进行，直至所有超额减排企业将边际成本低于市场碳价的减排手段用尽，即当前时点给定价格下的减排潜力得到充分挖掘。假设碳市场允许配额的存储预借，则控排企业还可以通过投资未来减排技术等方式来实现减排资源的跨期最优配置。

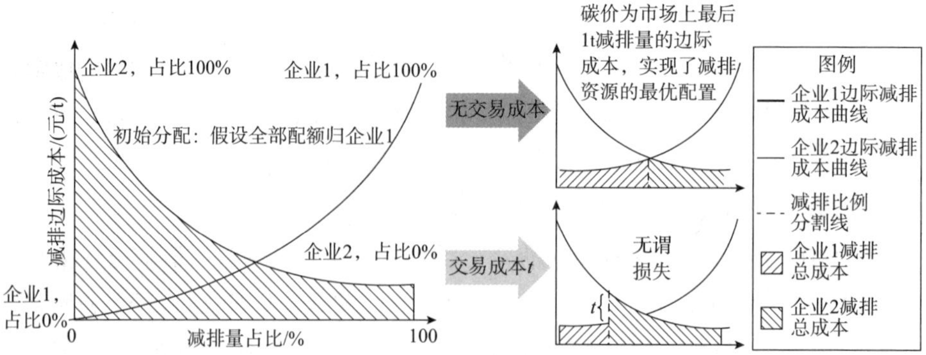

图 2-1 碳市场的作用机制

此时，若所有控排企业整体的减排行为已经实现了碳市场主管部门根据环境承载力、经济发展等考量因素设置的总体减排目标，则市场达到动态均衡，减排资源的配置达到最优，为实现既定减排目标所付出的整体减排成本降至最低。否则，若碳市场的实际减排量未达到预设的减排目标，则有部分控排企业的实际排放量超过了所持有的配额量，它们将因无法完成履约周期内的配额清缴任务而面临主管部门的严厉处罚。为了规避处罚，这些超排企业将寻求在市场上购入更多的配额用于完成履约任务。配额的需求由此增加，供求关系发生倾斜，碳价格也随之上涨。碳价的上涨为更高边际成本的减排手段赋予了经济可行性，得以激励边际减排成本较低的企业采用这些减排手段产生更多的实际减排量。最终，市场将达到配额的供需平衡，控排企业作为一个整体实现了主管部门制定的减排目标，均衡时的碳价格就等于最后1t减排量的边际减排成本。

由此可见，只要碳配额的产权是明晰的，碳市场的交易是顺畅高效的，最终通过市场交易形成的均衡将会是最优的资源配置结果。控排企业整体在有效实现减排履约的同时，可以把履约成本造成的负担和冲击最小化，确保经济体系受到最轻的影响，从而实现“经济发展与低碳减排”的协调。

碳交易本质是一种金融活动，促进金融资本能够以更低成本、更有效方式直接或者间接参与实体经济的减排行动，而为了保障碳交易市场能够有效运行，并在减少温室气体排放方面发挥核心关键的作用，需要对碳交易市场各组成要素进行周密的设计与构建。碳交易市场有以下四个主要政策要素：

第一，碳市场的政策实施范围。确定碳交易体系的政策实施范围实质上是明确承担减排责任的主体，这是碳交易体系主要的组成部分之一。监管部门在制定政策实施范围时，首先从宏观方面来看，需要明确碳市场机制在整个国家减排策略中所处的位置，同时要兼顾扩大市场机制的效果和降低管制成本;其次在微观层面，需要深入调查分析潜在受管制行业或部门的未来减排成本、减排技术路线、市场竞争状况、上下游市场结构等多方面的因素，碳市场政策实施范围的制定实际上反映出监管部门采用市场化手段治理温室气体排放的信心和决心。

第二，配额分配机制。配额分配原则主要包括无偿分配原则和有偿分配原则两种，无偿分配方式有祖父法则和基准线法，有偿分配机制的主要形式为拍卖。

第三，碳抵消制度。碳抵消制度作为一种补偿机制，在碳交易体系运行中，能有效拓展受管制主体的履约方式，使得其能够利用最经济的方式完成减排任务。当控排企业的边际减排成本高于碳价格时，企业可以灵活自主地选择是通过配额市场完成履约，还是通过低碳项目的抵消机制实现履约。

第四，监测、报告和核查（MRV）。MRV机制由经碳市场监管部门认证的独立第三方核证机构实施，是碳市场机制顺利运行的保障环节。

碳排放权交易市场作为由政策创造的市场，其在具有传统金融市场共性的同时，也具有对政策变化反应极其敏感的特点。又因为碳排放主要来源是化石能源消费，故其与能源市场相关性亦较强。因此，在已有的关于碳交易市场价格影响因素的研究中，除能源价格外，还分别从经济基本面、金融市场、天气情况等某一个或几个因素切入研究。碳交易市场有效运行的标志在于市场需要不仅应具备充足的流动性，而且能够实质上促进温室气体减排，那么碳市场的政策实施主体必须具有差异化的边际减排成本，同时还应具备相当的减排潜力。此外，由于欧美等发达国家或地区的经济结构已经完成工业化转型，其经济始终保持低速运行，在此背景下，这些发达的经济体可以按照完全市场化的方式建立碳市场以治理气候环境问题。而中国经济还处于快速发展阶段，但产业结构中以“三高”（高耗能、高排放、高污染）行业为主，简单照搬纯市场化方式构建中国碳市场制度，不仅会对中国经济的增长产生负面影响，而且市场化工具与经济发展模式的错配也会限制碳交易机制发挥其应有的减排效应。

碳排放权价格是碳交易体系中核心组成部分，是政府进行碳金融政策调整时的重要依据，对于整个碳交易体系的平稳运行有着重要作用。现有文献对碳排放权价格的相关问题展开了多角度、多层次的讨论。分析碳交易价格的影响因素是研究碳定价问题的重要切入点，现有文献普遍认为，政策调整、能源价格、宏观经济以及气候环境等是碳价的主要影响因素。Holtsmark和Maestad首先关注到政策因素对碳价的影响；在能源价格方面，Kim等人构建了ADL模型，发现从短期来看，碳价主要受到原油价格、天然气价格和煤炭价格的冲击，而长期来看，煤炭价格是碳价最显著的影响因素。Creti等人对EU-ETS前两阶段的碳价波动做了分析，研究发现，在第二阶段中，能源价格对碳价的影响更为显著。在宏观经济方面，由于经济形势与企业的生产活动存在着密切的联系，而企业的生产决策又影响着其排放权需求，因此，宏观经济也是碳价的重要影响因素之一。此外，天气情况也是碳价的影响因素之一。Mansanet等人发现了极端气候对碳价存在影响，特别是极寒天气状况对碳价的影响显著。

（2）政策工具类型

一般来说，解决温室气体排放问题的政策工具可以大致划分为两类：行政命令型政策与市场激励型政策。行政命令型政策工具是指政府为实现既定污染治理目标，直接对企业、组织或消费者的控排技术使用或排放活动进行管制，包括产品排放标准、行业技术标准等。这类政策工具对于政府而言在实践过程中相对简单易行，尤其是在企业对于价格型政策工具不敏感，或是对排放监测难度大、成本高但对减排设备监测相对容易的情况下，行政命令型政策工具具备突出的优势。但由于不同的企业具有不同的特征，要通过行政命令型政策工具实现全社会减排成本的最小化需要政府掌握各企业的排放水平及减排成本，这些巨量的信息需求往往难以得到满足，因此行政命令型政策工具往往会造成较高的减排成本。

市场激励型政策包括价格型政策工具（例如排放税、补贴等）和数量型政策工具（例如排放权交易等）。排放税的基本思想是对于造成环境外部性的经济活动进行征税。部分学者主张采用碳税政策来控制温室气体排放，他们普遍认为：①政府征税的经验丰富，新增税种的难度较小。征收碳税可能会遇到一些阻力，随着对气候变化问题认识的深化，征收碳税的阻力将会逐渐降低，因此碳税在政策上具有实施可行性。②碳税税率可以根据减排需要进行动态调整，因而碳税可以提供相对稳定的价格信号，驱使企业调整生产、减少排放，操作方便。③碳交易价格取决于排放上限的设定，排放上限设定容易受到政治谈判、利益集团等影响而发生变化，从而导致碳交易的价格信号不稳定，相比之下碳税的政府政策自由度更高。④碳税收入如果用来减少其他扭曲性税收，可以同时产生“环境红利”和“经济红利”，具有实现经济刺激或再分配的效果。

相较于碳税政策，另一些学者认为基于数量的碳排放交易政策工具更具有优势。排放权交易源于1960年诺贝尔经济学奖获得者科斯提出的理论观点，即基于产权思想提出的排污权交易使得排污权成为一种特殊的生产要素，并允许其在排污主体之间进行交易，可以通过市场机制对排污权进行定价，有效地将污染的外部成本内部化。碳排放权交易可以帮助排放企业以较低成本实现二氧化碳减排目标。碳市场作为一种有效的市场机制，是优化碳排放空间资源配置、降低全社会减碳成本、实现温室气体排放控制、推动供给侧结构向绿色低碳转型的有效政策工具。一些学术与政策研究机构普遍认为：①碳排放交易更容易得到利益集团的支持和决策者的青睐；②碳排放交易可以达到特定数量的减排目标，适用于较为严格的减排形势；③虽然碳排放许可的短期交易价格信号不稳定，但长期交易价格相对稳定；④碳排放许可按照拍卖方式进行分配时可以带来拍卖收入，如果拍卖收入被用于降低其他扭曲性税收，也会产生经济红利。基于动态的可计算一般均衡模型，研究人员进一步比较了碳税、碳交易和混合政策的减排效果、经济影响和社会减排成本，发现在不同条件下每种政策都有其特殊的优势，应当依据目前减排阶段、经济发展情况设定具体的减排政策手段。

2.1.2 国外碳交易市场实践经验

国际碳行动伙伴关系数据显示，2024年全球已有58个司法管辖区建立了碳市场。世界银行数据显示，2024年全球碳市场将覆盖19%的碳排放量，高于2020年的7.9%。欧洲碳市场作为欧洲气候政策的基石，建立于2005年，目前覆盖30多个国家（包括27个欧盟成员国，以及冰岛、挪威和列支敦士登；英国脱欧之后，已经于2021年退出EU–ETS，实施单独的碳交易机制，而瑞士则在去年接入），参与交易的碳排放主体超过11000个，影响着欧盟高达45%的碳排放市场。从目前来看，虽然全球各洲均出现了局部性的碳市场，但均没有形成统一的碳市场格局，而欧盟则最大限度地调动起了多边贸易资源以及统一的市场，通过削减交易费用与减少交易成本，在域内建立了一个跨国家的完整碳排放交易体系。

欧盟每年的二氧化碳许可排放量由欧盟委员会控制，碳排放供应配额也由欧盟分解给各成员国，各成员国政府在此基础上向碳排放主体分发本国碳排放总配额，当企业自我减排较好，碳配额出现剩余时，其指标可以自由出售。反之，如果企业排碳超标，超过配额所限，就须从其他具有富余配额指标的企业购买，这样，超出其碳配额的企业必须支付更多费用，而那些拥有剩余配额的企业可以将其出售以获取利润。

欧盟将碳市场履约周期分割为四个阶段，自碳市场启动以来已经履约三期，每期时间跨度均不一样，覆盖的品种范围从小众逐渐走向广延，每个期限之内不仅圈定的行业与企业都必须符合各自碳配额量的要求，并且那些实际碳排放量超标的企业必须在规定的时间通过碳配额购买获得增量指标后方能开展生产经营活动。总体来看，受外部多种环境的影响，已履约三期的碳市场在运行中虽时有波折，但也催生出了欧盟一系列应对变化的缓冲与调控措施。

第一阶段（2005—2007年）:《京都议定书》发布后，各国对碳排放表现出较大的差异化态度，对全球碳排放前景造成了不确定性。欧盟最初启动碳排放的心态较为谨慎，甚至第一阶段可以看作欧盟对碳市场的摸索试错与经验积累。这一阶段，履约行业只涉及电力及能源密集型工业部门，包括炼油厂、钢铁厂以及铁、铝、有色金属、水泥、石灰、玻璃、陶瓷、纸浆、纸张、纸板、酸和散装有机化学品的生产，同时碳配额配给的95%采取免费发放形式，由于缺乏可靠的排放数据使预估出现偏差，第一阶段中以能源部门为代表，市场上碳配额供过于求，碳价一度出现大幅下跌。

第二阶段（2008—2012年）：将航空行业航空部门（2023年12月前仅限往返于欧盟、挪威和冰岛的航线）纳入履约范围，同时受控气体除二氧化碳外，还包含电解铝行业产生的全氟化碳等其他种类的温室气体。范围品种扩大的同时，交易限额则较碳市场启动之年下降了约6.5%，使得碳配额发放量低于碳排放需求量，目的是构建配额稀缺的格局；同时免费发放配额下降至总配额的90%左右，违约罚款额较上一阶段提升150%。由于更严格的制度安排，欧盟碳价开始抬升，但2008年金融危机的爆发还是使得企业减排超出欧盟预期，使碳配额发放出现盈余，欧洲碳价在短暂上升后又开始快速下行。

第三阶段（2013—2020年）：对特定产品如钢铁、水泥的生产碳排放予以重点关注，并为其设定每生产单位的排放上限，同时总体上确定了排放上限在前一个履约期年配额总量基础上每年以线性系数1.74%递减的动态机制，并且除了免费发放、企业购买等两种方式，拍卖上升为配额分配的主要方式，份额保持着

20%的逐年上升的速率。因此，自2019年开始，欧洲碳价出现高速爬升，虽然新冠肺炎疫情暴发后市场受恐慌情绪冲击，碳价一度急剧下滑，但在市场稳定储备机制的支撑以及欧洲绿色复苏计划下，欧洲碳价上涨的价格信号有效增强，直至上冲到最高历史水平。

第四阶段（2021—2030年）：按照欧盟委员会公布的*2030 Climate Target Plan*，道路运输、建筑以及内部海运都将在这一阶段纳入EU-ETS的管控范围；同时碳排放上限将以更快的速度递减，将碳排放配额年度递减率自2021年起由1.74%升至2.2%。在碳配额供给形式上，继续免费分配配额，以保障具有碳泄漏风险的工业部门的国际竞争力，同时确保配额免费分配的规则得以强调并反映技术进步；另外开发多种低碳融资机制，帮助工业和电力部门应对低碳转型的创新和投资挑战。尽管这一阶段尚在预期和进行中，但基于欧盟碳市场履约周期的机制管理和保护，可以对这一阶段的成效保持乐观。

交易平台是碳市场的重要载体。与全球其他国家与地区只有一个或者为数不多的碳交易平台完全不同，欧盟有许多的碳交易平台。最初的碳交易平台包括欧洲气候交易所（ECX）、欧洲能源交易所（EEX）、BlueNext 交易所、奥地利能源交易所（EXAA）、Climex 联盟、北欧电力交易所（Nord Pool）、未来电力交易所（Powernext）、绿色交易所（CME-GreenX）以及意大利电力交易所（IPEX）9家主要场内碳交易所。经多次并购与整合，发展成为今天的欧洲气候交易所、欧洲能源交易所、Climex 联盟、绿色交易所以及被收购但依然独立运行的Nord Pool 等5个主要的碳交易平台。

五大碳交易平台在职能承担上基本实现错位发展，其中欧洲气候交易所专门从事二氧化碳排放权交易，而一氧化碳、全氟化碳等衍生品则多数在其他能源交易所挂牌；另外，北欧电力交易所是全球首个交易EUAs（欧盟配额）的平台，它与BlueNext交易所、EEX及EXAA均以现货交易为主，而ECX是目前全球交易规模最大的碳交易所，既有现货交易，也有期货交易。正是众多交易平台优质与完善的服务供给，使得欧盟的碳交易量和交易额长期高居全球首位，整个欧盟的碳交易总量占了全球的一半之多；不仅如此，欧元已成为碳交易的主要结算货币，2020年欧盟碳交易所的成交金额占全球交易所成交金额的88%，而欧元也正式超越美元成为碳交易市场的主要计价货币，巩固了欧洲在全球碳金融中的主导地位。

根据欧委会发布的官方数据，2005年欧盟的碳排放量近40亿t，但到2020年下降到30亿t，降幅为25%，年均碳排放量降速约为1.7%。特别值得指出的是，在行业碳排放量的下降方面，2020年电力碳排放量大幅下降13.3%，航空业碳排放量下降64%，整个工业部门碳排放量下降11%。拉长时间看，自欧盟碳市场建立至2020年，纳入EU-ETS首个履约期的电力及能源密集型工业部门碳排放量下降最为显著，累积降幅高达30.6%，且电力部门或将成为欧洲最早脱碳的行业。

根据BP能源报告，2005—2020年，以石油、煤炭等为主的初级能源消耗在欧盟国家出现逐年下降的趋势。2005年欧盟初级能源消耗占世界约23.2%，2020年只有10.93%，同期欧盟煤炭生产量下降了36.4%，石油生产量下降了30.2%，天然气生产量下降了46.7%，而可再生能源生产量将近翻倍。数据表明，截至2020年年底，清洁能源的发电占比在欧盟国家增长到了六成，并且连续6年中太阳能、风能等可再生能源扮演了欧盟最大发电量的主体角色。具体来说，在欧盟清洁能源结构中，风电占比为24.45%，发电量从2005年的70.47TW·h增加到2020年的440.04TW·h，增长超过6倍；光能占比8.57%，增幅超过9倍；生物质能占比6.95%，增幅将近7倍。

碳排放、能源消费与产业结构和经济增长之间存在非常鲜明的对应与因果关系，比如传统能源主要对应的是第一、第二产业，清洁能源往往更多与第三产业相对应。同时，能源消费和碳排放仍是经济增长的基本动能，而经济扩张则必然产生对能源的新需求从而引致碳排放量的增加。二氧化碳和GDP之间一般是正相关关系。而受到减排目标的压力使然，欧洲制造业纷纷选择向可以减轻传统能源依赖的制造服务业转型，欧盟制造业占GDP的比重从1991年的19.8%下滑至2020年的13.6%，而同一时期服务业增加值占比从1991年的59%上升至2020年的65.8%。产业结构升级也带动了低碳消费，比如新能源汽车，2020年欧盟电动汽车销售量在全球高居首位，销量规模是中国的1.5倍，美国的3.7倍。得益于服务业与消费的双重驱动，2005—2020年欧盟GDP增长出现了与二氧化碳排放量负向关联的局面。

按照欧盟发布的《欧洲绿色协议投资计划》，未来还要动员至少1万亿欧元的可持续投资进入碳中和及绿色经济领域。动态来看，由于存在非常清晰与强烈的碳价续涨预期，机构投资者涉足碳市场的步伐也在不断加快，欧盟绿色能源投资也将从中获得持续的资本配给。欧洲碳交易所公开的EUA期货持仓数据显示，目前虽然仍是控排企业为主占比74%，但比2020年同期下降了6%，与此同时，基金的持仓份额从6%上升为9%，机构投资者碳配额仓位正在显著加重。

欧盟碳市场、美国加利福尼亚州碳市场和区域温室气体减排行动（RGGI）在保证管辖区内经济持续增长的同时，实现了最好的覆盖范围减排效果，碳排放强度的降幅均在27%以上，远超其他主要碳市场。这三个碳市场的共同点在于法制基础完善、数据治理有效和市场交易活跃，普遍通过金融衍生品的发展实现了碳市场交易的顺畅高效。此外，瑞士碳市场在2013年开始商议与欧盟连接，在2019年完成各项连接协议的签署，并在2020年正式建立与EU-ETS的连接，其减排与发展的平衡也相对较好。韩国和新西兰在保持经济快速发展的同时，单位GDP的碳排放强度持续下降，但并未能实现绝对减排。

目前，全球共有1个共同体、9个国家采用碳市场政策，遍及20个地区，主要包括欧盟、中国、美国、韩国、德国、英国等；采用碳税政策的国家共27个、地区7个，主要包括法国、英国、日本等；同时采用两种政策的国家共19个、地区两个，主要集中在欧洲地区。从碳交易市场分布来看，国际碳行动伙伴组织（ICAP）编制的全球碳市场地图显示，截至2021年1月底全球共有24个运行中的碳市场，另有8个碳市场正在计划实施，预计将在未来几年内启动运行，还有14个司法管辖区在考虑建立并实施碳交易市场。根据世界银行统计，2020年全球碳市场、碳税政策的定价机制共58个，覆盖全球温室气体排放总量的15.1%，而2021年全球碳市场、碳价政策覆盖的温室气体排放显著增加至21.5%，其中增量主要来自中国碳排放权交易市场的建立。图2-2展示了2005—2021年，全球碳市场的增长情况。自2005年以来，碳市场所覆盖的排放占全球温室气体的比例扩大到之前的三倍。相较于碳税机制，碳市场这一机制在全球呈强劲增长态势。中国、德国、英国和美国弗吉尼亚州纷纷建立新的体系，使得碳排放交易所覆盖的全球排放份额大幅增加。

全球各个地区的碳价存在较大差异，中位数约为18美元/ tCO_2，碳价最高的三个地区分别为瑞典（137美元/tCO_2）、瑞士（101美元/tCO_2）和列支敦士登（101美元/tCO_2），碳价最低的三个地区分别为波兰（小于1美元/tCO_2）、乌克兰（小于1美元/tCO_2）和深圳试点市场（1美元/tCO_2）。从区域上来看，欧盟碳市场的价格最高，均价在50美元/tCO_2，美国区域碳价在9美元/tCO_2，中国八个试点市场的碳价在1~6美元/tCO_2。图2-3为世界银行统计的全球不同地区、国家碳市场价格。

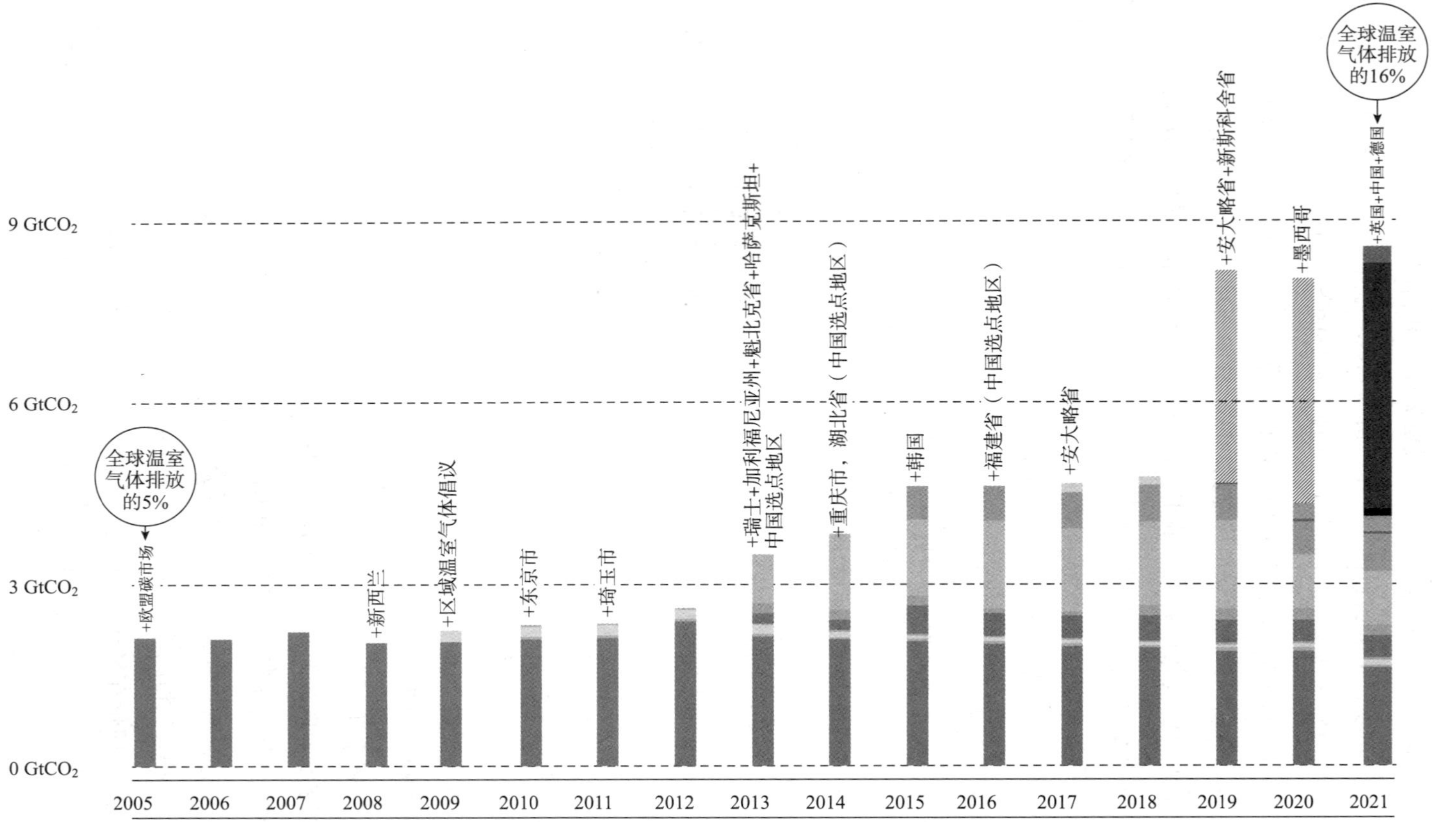

图 2-2　全球碳市场增长情况（ICAP）

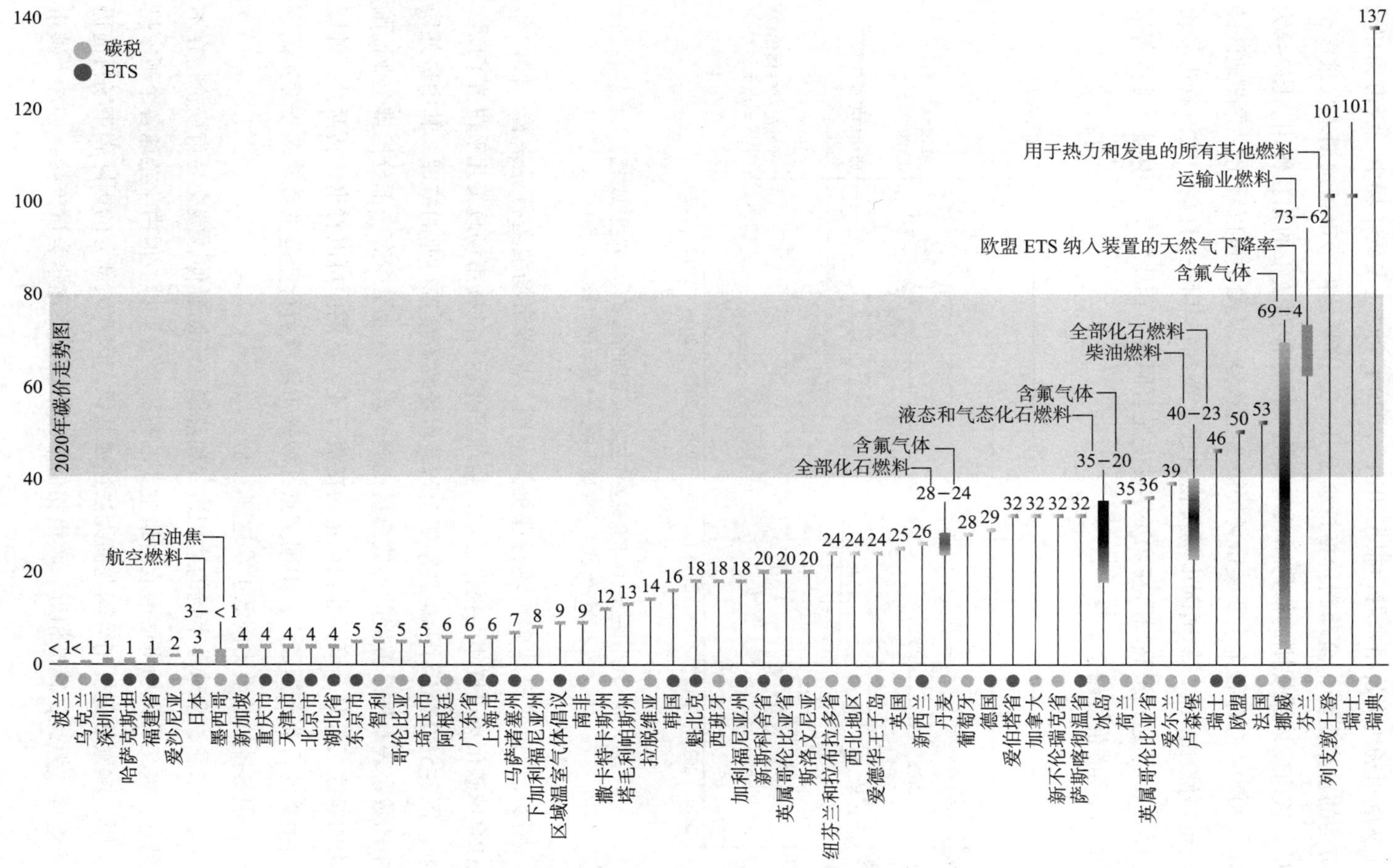

图 2-3　2020 年全球各个地区碳市场、碳税价格（世界银行）

从碳市场历史价格来看，根据2010—2020年全球主要碳市场中一级市场和二级市场的价格走势，全球碳价格持续上升，这主要是由于市场预期未来碳配额总量、碳市场体系规则的修订以及与其他气候和能源政策的相互作用。图2-4为2010—2020年全球各个主要碳市场价格变化趋势。从图中可以看出，欧洲地区碳市场价格涨幅最高，韩国碳市场价格自成立至2018年间一直高于欧洲碳市场价格，在2019年达到最高峰后在2020年发生显著回落；相比之下，中国、美国等区域试点市场碳价格趋于平稳。

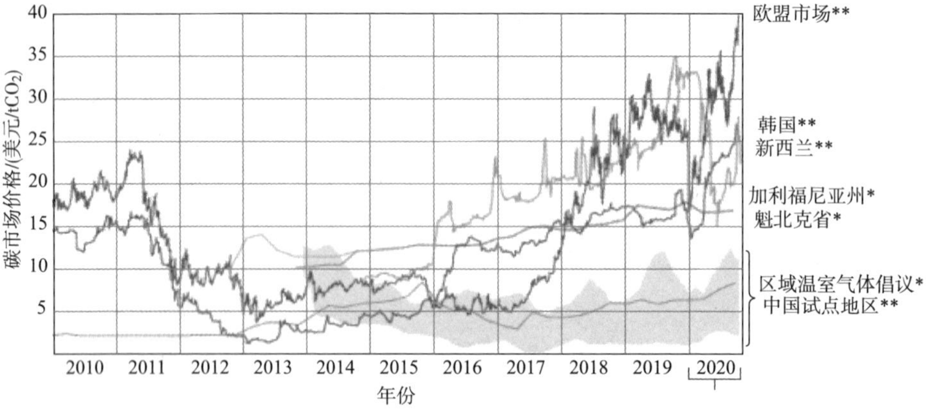

图 2-4　2010—2020 年全球各个主要碳市场价格变化（彩图见彩插）
（*表示地区性或者省级碳市场，**表示国家级碳市场）

图2-5展示了全球碳市场行业覆盖范围。从碳市场覆盖行业来看，2021年ICAP全球碳市场进展年度报告显示，全球正在运行的碳市场政策几乎覆盖了所有行业。图2-5为ICAP对于2021年初全球碳市场政策覆盖行业的梳理，其中最外层环中的数字表示体系覆盖的排放总量比例。当某行业至少有一部分控排企业面临明确的履约义务时，该行业被认定为覆盖行业。从图中可以看出，新西兰、韩国两国覆盖的行业范围较广，中国试点区域碳市场覆盖行业范围普遍多于发达国家地区，但是排放总量比例低于发达国家地区。

总体来看，全球碳市场的适用边界和范围在不断延伸，碳交易市场价格在不断提升，碳交易市场将逐渐成为最主要的减排政策工具。但由于全球各个国家排放上限、配额分配机制等问题尚无法达成共识，因此大部分的国际碳市场目前仍无法连接。但是，碳价相近、政策相似的碳市场或将逐步尝试连接，如瑞士碳市

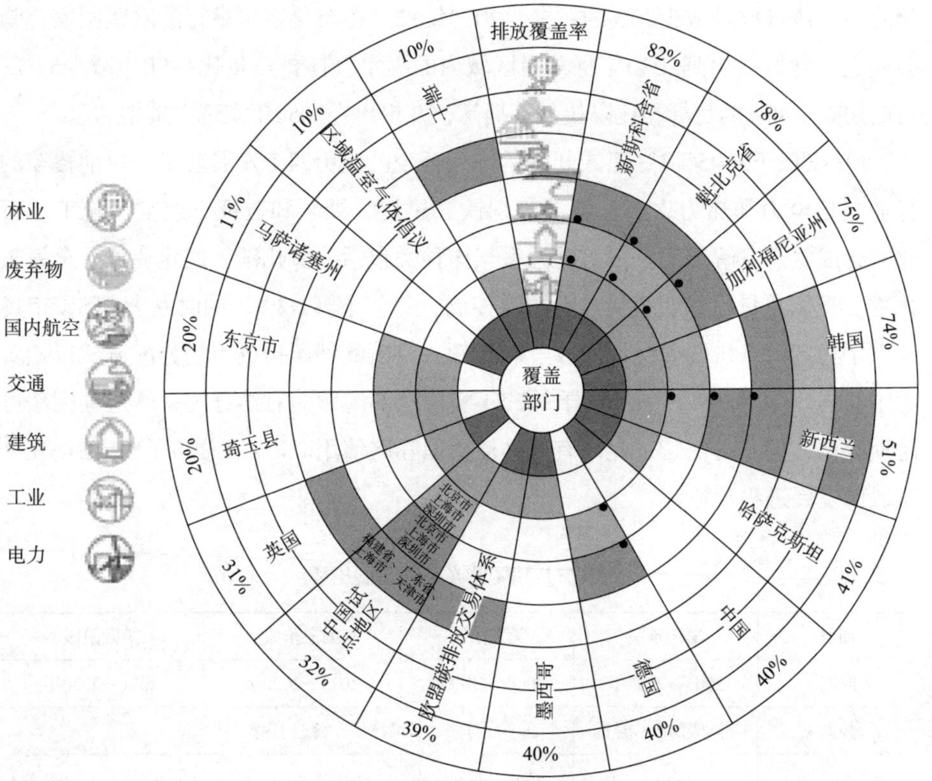

图 2-5　全球碳市场行业覆盖范围

场在2020年完成了与欧盟碳市场的连接，并在市场合并后价格趋于一致。同时，碳排放市场的配额拍卖政策可以为政府增加公共财政收入，并重新投入能效改善、清洁可再生能源设施等温室气体减排项目。根据ICAP统计数据，截至2020年底，全球各个碳交易体系已通过拍卖配额筹集了超过1030亿美元，其中欧盟市场自2009年以来共筹集了807.3亿美元公共基金，是目前全球最大的碳排放配额拍卖市场。

在全球各国的碳排放市场中，EU-ETS起源于2005年，是依据欧盟法令和国家立法的碳交易机制，也是世界上参与国最多、规模最大、最成熟的碳排放权交易市场。在我国实施地方试点市场和全国碳排放市场的实践中，政策制定部门和研究人员充分借鉴了欧洲碳市场发展的经验。从市场规模上看，EU-ETS的碳交易额达到1690亿欧元，占全球碳市场份额的87%（2019年）。从减排效果上来看，截至2019年，欧盟碳排放量相对1990年减少了23%，这意味着欧盟已经实现了到2020

年温室气体排放量减少20%的目标。2020年12月在布鲁塞尔举行的欧盟国家首脑会议上，欧盟提出到2030年将欧盟区域内的温室气体排放量比1990年减少55%，与前期减少40%的目标相比降幅显著提高，并提出在2050年实现“碳中和”。

EU-ETS于2005年1月正式开始运作，至今已经历四个发展阶段。目前覆盖的行业包括电力和热力生产、炼油、钢铁、建材、纸浆和造纸、航空、化工、石化、合成氨、电解铝等。覆盖的温室气体种类包括二氧化碳、氧化亚氮、全氟碳化物。配额总量由欧盟直接进行总量控制，每年下降2.2%，同时欧洲ETS碳市场建立了稳定储备机制并允许回收过剩配额。目前欧洲碳排放市场分配方式以拍卖为主，占比超过50%，并计划于2027年实现全部配额的有偿分配；欧盟碳配额可跨期存储，但不可借贷；允许有条件使用国际碳信用。表2-1总结了EU-ETS几个阶段的发展进程及特征。

表 2-1　欧盟碳市场发展历程

项目	第一阶段	第二阶段	第三阶段	第四阶段
时期	2005—2007年	2008—2012年	2013—2020年	2021—2030年
管控国家	欧盟28个成员国	28个成员国，新增冰岛、挪威、列支敦士登		
温室气体类型	CO_2	CO_2，部分行业考虑NO_x	CO_2，NO_x，制铝产生的PFC	
减排目标（1990年为基础）	减少8%排放	减少8%排放	减少20%排放	减少40%排放
总量控制	20.96亿t	20.49亿t	2013年为20.84亿t，逐年递减1.74%	2021年为15.72亿t，逐年递减2.2%
管控行业	电力、石化、钢铁、玻璃、水泥、石灰、制砖、制陶、造纸等	第一阶段基础上新增航空业	第二阶段基础上新增化工和电解铝以及天然气等行业	
总量控制方式	国家自下而上提出总量控制目标		统一制定配额分配	
配额发放方式	祖父制免费发放，成员国最多拍卖5%；配额不可跨期存储或借贷	祖父制免费发放，成员国最多拍卖10%；配额可跨期存储，但不可借贷；允许使用碳信用工具	电力行业100%拍卖，工业企业2013年80%免费，并逐年降低免费发放比例至免费量为30%，免费基于“基准线法”	部分外贸行业将获得100%免费配额，其他行业在2030年的免费配额将为0
清缴罚款	40欧元/t	100欧元/t		

资料来源：《2021国内碳价格形成机制研究报告》（EDF发布）。

从市场划分来看，EU-ETS可以分为一级市场（Primary market）和二级市场（Secondary market），其中一级市场包括碳配额拍卖和项目减排量开发，二级市场指碳配额和项目减排量的流通市场。在一级市场中，EU-ETS早期对大部分配额免费发放，在第二、第三阶段逐渐增大拍卖比例。具体来说，在第一阶段中，排放权以免费的形式分配给控排企业，第二阶段免费分配比例下降到90%，而从第三阶段开始，EU-ETS市场要求电力行业配额100%为拍卖，且部分行业的免费配额量逐年递减直至为30%，免费配额总占比维持在46%。免费配额主要包括3项：一是根据祖父制或基准线法分配的基础额度，二是面向新进入者的储备额度，三是因设备退役或产能产量变化等带来的未分配额度。单从电力行业来看，欧盟碳市场要求电力行业自2013年起碳配额全额拍卖，其中低收入成员国可免费获得发电装置配额，以支持其升级电力系统。此外，在第三阶段，欧盟采取了一系列改革措施稳定碳市场，包括配额总量递减、折量拍卖、市场稳定储备机制等。到2020年，第三阶段的配额总量从2013年的2084MtCO$_2$e逐步降低为1816MtCO$_2$e。而在未来的第四阶段，欧盟设定2021年的配额总量为1572 MtCO$_2$e，之后逐年递减系数为2.2%。

从市场交易品来看，EU-ETS主要有两种：碳现货和碳衍生交易品。碳现货（spot）是碳市场的基础交易产品，包括ETS机制下的减排指标和项目减排量两种。碳衍生交易品主要有碳远期（forward）、碳期货（future）、碳期权（option）和碳互换（swaps），其中碳期货的交易规模最大。此外，一级市场还可以进行项目减排量交易，如清洁发展机制（CDM）和联合履行（JI）等，可用于配额抵消。目前，第三阶段抵消配额的数量已达到上限，二级市场上符合资格的数量和价格都明显下降，新的减排项目数量也逐渐减少。从2014年开始，EU-ETS不再接受JI项目签发的减排量。除碳现货以外，依据合同和交易形式，部分产品在二级市场进行交易，包括场外（OTC）交易和场内交易。场外交易主要包括控排主体间的双边交易以及通过商业银行等中间商进行的中介交易，场外交易双方可以在较少的规则约束和监管下直接交易非标准化合约，交易总量、交付日期、合同的商用条款等都具备较高的灵活性，欧洲碳市场初期约80%的交易量发生在场外市场。场内交易主要包括在洲际交易所和欧洲能源交易所等进行的交易。这是由交易所将原生态的场外交易的共同点整合提取，通过标准化的规则和条件来规范交易和清算的过程。表2-2总结了EU-ETS的交易品分类、金融产品及简介。

表 2-2 EU-ETS 交易品分类、金融产品及简介

分类	金融产品	内容	案例
碳现货	减排指标	减排指标为欧盟碳配额（EUA）及欧盟航空碳配额（EUAA）	
	项目减排量	主要指发达与发展中国家间的CDM项目以及发达国家间的JI机制减排	
衍生交易品	碳远期	属于非标准化合约，一般通过场外市场进行交易，可以帮助双方锁定未来的价格及交付	CDM 项目产生的CER（核证减排量）通常采用远期的形式进行交易，约定在未来特定时间、以特定价格、购买特定数量的CER
	碳期货	标准化合约，一般在交易所进行交易。通过购买碳期货合约代替碳现货，可以对未来将要买入或卖出的碳现货产品进行套期保值，规避价格风险	EUA及CER通常采用期货方式进行交易，占欧盟碳市场交易总量的90%以上
	碳期权	标准化合约，代表能在未来特定时间以特定价格购买或出售特定数量现货的权利	
	碳互换	为了避免出现目标碳减排信用难以获得的情况推出的碳衍生交易产品	
碳融资工具	碳债券	政府、企业为筹措低碳项目资金向投资者发行并承诺在约定时期内支付利息和本金的债务凭证	2008年世界银行推出的首支绿色债券，是面向机构投资者的与CER 相关联的债券，开启了碳债券的破冰之旅
	碳基金	融资工具，同时也指代依托该工具形成的管理机构	德国复兴信贷银行（KFW）碳基金、意大利碳基金、丹麦碳基金、荷兰清洁发展基金和联合实施基金、西班牙碳基金等
碳支持工具	碳指数	反映碳市场的供求状况和价格信息，为投资者了解市场动态并投资提供参考	巴克莱资本全球碳指数（BC GGI）、瑞银温室气体指数（UBSGHI）、道琼斯-芝加哥气候交易所-CER/ 欧洲碳指数，EEX 现货市场的ECarbix碳指数等
	碳保险	如果买方在合同到期时未能获得协议规定数量的CER，苏黎世保险公司（Zurich）将按照约定予以赔偿；如果CDM 项目未能达到预期收益，Zurich 也会进行赔偿	Zurich推出的CDM 项目保险业务，可以同时为CER 的买方和卖方提供保险，交易双方通过该保险能够将项目过程中的风险转移给Zurich

资料来源：《中国碳金融市场研究》。

图2-6和图2-7展示了欧盟碳市场历史变化趋势。

在第一阶段，因缺乏历史数据和分配经验，免费分配的配额总量超过了实际排放量，市场上供需失衡直接导致了2006年欧盟碳市场期货价格的暴跌，从最高的每吨30欧元跌到了10欧元左右。而第一阶段的剩余配额不能转存到第二阶段的规定直接导致碳期货价格逼近零。

在第二阶段交易机制调整后，欧盟碳市场价格逐渐平稳，期货价格曾回升到第一阶段的高点。但随着美国金融危机的爆发对欧盟碳市场的冲击，碳期货价格再次从每吨接近30欧元迅速跌至10欧元以下。在2011年欧债危机的影响和配额过剩的情况下，欧洲碳期货价格徘徊在每吨7欧元左右。为了解决配额过剩问题，欧盟委员会提出建立市场稳定储备机制（MSR），当配额剩余高于8.33亿t时，将把其中的12%放进储备；当配额剩余低于4亿t时，则从储备中调出1亿t投放市场。2015年，欧盟的碳价维持在每吨7～9欧元之间；2016年以来，由于经济持续低迷及受英国脱欧事件影响，欧洲碳配额期货价格已下跌到每吨5欧元左右。但随着第四阶段的开始和碳排放政策进一步收缩，目前欧洲碳市场平均价格快速上升至40欧元/t。

根据欧盟碳交易市场的各个时期和发展特点，总体来说欧盟碳金融市场已初步完善、政策设计趋严且逐渐完备、相应配套机制健全，并将进一步开展国际碳市场对接。

第一，碳金融市场完善表现在金融机构广泛参与碳市场且形式多样、碳衍生品种类丰富且交易活跃。金融产品形式多样，碳衍生品主要包括普通碳配额、CDM、JI、航空业碳配额，碳排放权的远期、期货、期权、掉期、价差和碳指数等产品，2018年碳衍生品合约交易量为现货交易量的6倍左右。

第二，从政策设计方面，欧盟碳交易市场政策设计趋严且逐渐完备，配额总量和约束逐渐严格。这主要表现在两个方面：首先，配额总量递减速率加快，分配方式从免费分配向拍卖过渡，第四阶段取消了抵消机制，进一步减少了碳配额数量。其次，实施市场稳定总储备机制，而企业碳配额的储备与预存机制逐渐完善；在惩罚机制上，超额排放不仅需要缴纳3倍罚款，企业还会被纳入征信黑名单。

第三，为了防止碳价剧烈波动，欧盟提出了碳价稳定措施和紧急预案程序，比如配额价格连续六个月超过前两年平均价格的三倍，即召开欧盟委员会稳定碳价，允许成员国拍卖最多25%的储备配额。

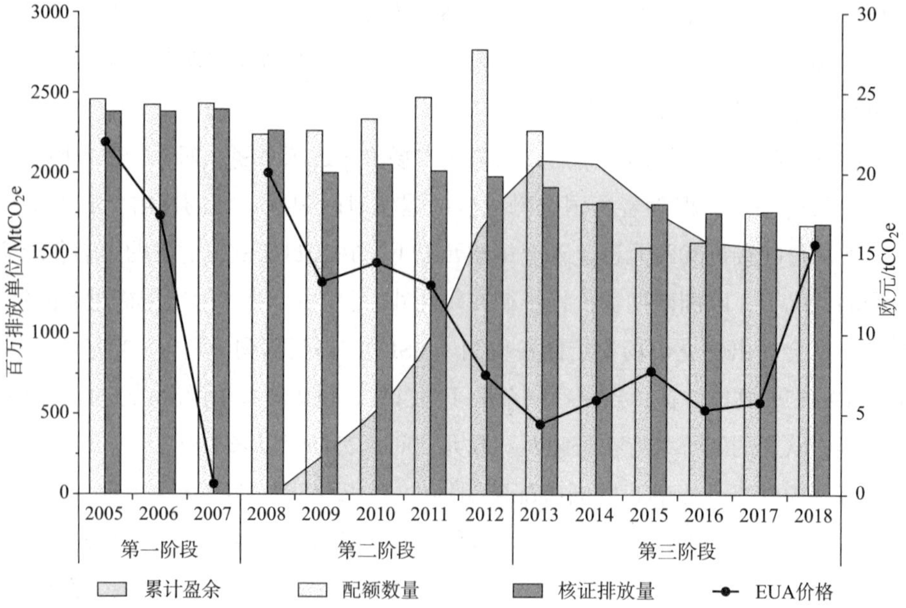

图 2-6 欧盟碳市场配额、碳市场价格、实际排放历史变化趋势
（资料来源：European Environment Agency，2019）

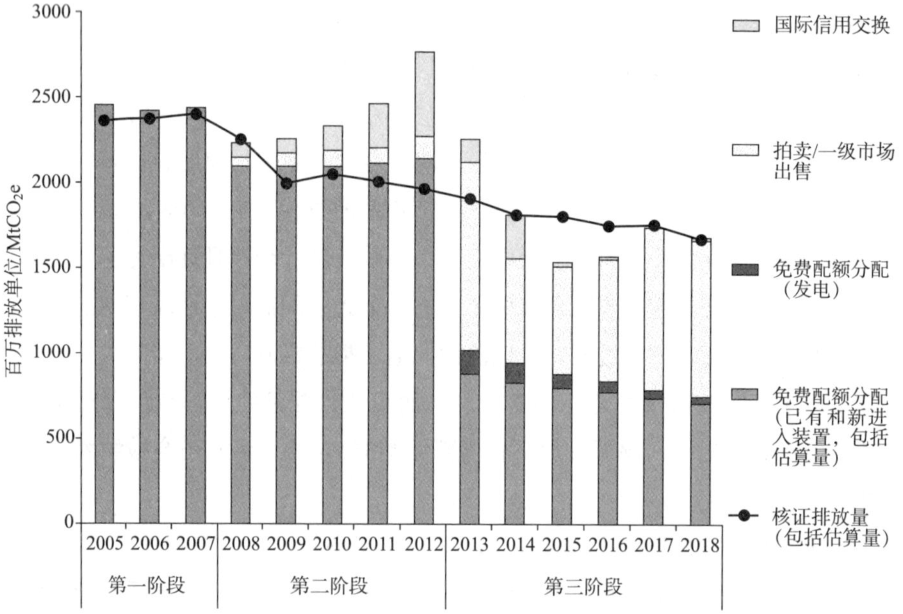

图 2-7 欧盟碳市场配额变化趋势及分布
（资料来源：European Environment Agency，2019）

总体来说，在2005—2020年欧盟碳市场建设的15年里，EU-ETS市场规则体系逐步完善，参与主体呈多元化，交易产品丰富，极大地推动了欧洲地区低碳产业发展，降低了企业减排成本。同时，作为世界上第一个强制碳市场，欧盟碳市场是迄今为止世界范围内覆盖国家最多、横跨行业最广、减排力度最大的碳市场，在全球碳减排政策和实践中具有开创性意义，成为其他各国建设碳市场的主要学习对象。

2.1.3 国外碳资产管理典型案例

碳资产是指在规定排放量的前提下，企业为实现减排项目要求而降低的排放量。从碳资产管理的阶段来看，世界资源研究所（WPI）和世界可持续发展工商理事会（WBCSD）共同制定的《温室气体协议：企业核算和报告准则》（通称为"GHG协议"）规定了碳排放管理的三个范围：一是企业的直接排放，即企业在自己生产经营过程中产生的碳排放；二是间接排放，即外购电/热力产生的碳排放；三是其他间接排放，即产品运输、使用过程产生的碳排放等。

欧洲作为应对气候变化的领导者，位于欧洲的各国际油气公司为履行所在地区的碳排放履约义务，在这一过程中对碳资产管理已有经验，并形成了较为完整的碳资产管理体系。国际大型能源企业一般采取集团层面统一制定绿色低碳战略和预算目标，设立管理平台公司集中运作的碳资产管理、决策和执行的运行模式。

BP与壳牌都在2020年的可持续发展报告中提出2050年实现净零排放的目标。BP通过提供低生命周期排放的产品用于发电，提高销售产品碳强度，增加低碳电力、生物能源的供应，引入碳捕获、使用和储存技术，开发更高效和低碳的燃料等方式减少碳排放；壳牌结合公司情况制订了能源排放和管理计划，通过用恒节能的设备替换旧机器提高设施能源效率，购买可再生能源证书，增加风能和太阳能等可再生电力使用等措施来实现碳排放的减少。

BP要求旗下的工厂对温室气体排放进行监测、报告和核查（MRV），并对各自所在区域的碳排放控制进行履约。同时对各工厂制订碳排放计划，将实时监测的数据提交第三方机构进行审核，并将数据提交相关政府部门进行核查。壳牌则使用先进的能源排放和跟踪工具，并启动透明的过程来计算企业碳排放，实现对碳资产的精细化管理。

BP在生命周期的基础上，根据每交付能源单位（MJ）提供的所销售能源产品的生产、分销和使用，估计温室气体排放量。壳牌内部开发了自己的净碳足迹方法，并将其设计成反映企业直接参与的活动以及销售的能源产品的碳含量。它涵盖了壳牌销售的能源产品在生产、加工和消费过程中产生的温室气体排放总量，包括壳牌从其他生产商、炼油商和制造商那里采购并纳入供应链的碳氢化合物，以及其客户消费这些产品时产生的排放。在此基础上，壳牌通过对比每年的净碳足迹报告，为新的碳排放目标的制定提供可靠依据。

BP借助全球碳交易部门的力量管理企业的碳资产交易，以此降低碳交易风险对企业的影响。不仅如此，BP公司每家企业都设有碳排放工作组和委员会，由十几个方面的成员组成。各工作小组和管理委员会依据总部在如何解决碳减排、新技术和新合作下采用的模式、在全球范围内的碳减排交易以及实行过程中的安全及风险程度等方面给出的指导，以保证碳排放的履约。壳牌公司也设立了独立于其他部门之外的碳资产管理部门，为碳资产的减排增值提供技术和管理支持。

法国电力集团于1999年设立法国电力贸易公司（EDF Trading），通过金融策略和碳资产组合等多种管理工具为集团公司创造利润。初期EDF Trading主要是以从发展中国家获得CER 交易为主开展经营，并于2006年设立规模为3亿欧元的碳基金。随着欧盟碳市场发展和金融产品的完善，EDF Trading通过互换、掉期、对冲等多种方式积极参与碳市场，开展可再生能源证书、生物质颗粒能源等多项双碳相关产品的交易，碳配额和CER交易量始终位列欧盟市场前三。2013年发行全球首支大型能源公司专属绿色债券，为可再生能源项目募集资金1.4亿欧元。EDF Trading高度重视碳交易风险防控，新的交易产品或是新项目都需要交易审核委员会批准才能开展，任何交易都需要严格的授权且每日统计风险敞口。通过EDF Trading的市场化、专业化操作，法国电力集团已经将“碳排放限制”转化为“碳排放资产”。

2.2 国内碳市场研究进展

2.2.1 国内碳交易市场理论机制

作为全球最大的发展中国家和碳排放大国，中国的碳交易及其衍生品市场潜力巨大，碳排放资源丰富。全球最具权威的气候变化学术机构之一——英国廷德尔气候变化研究中心（Tyndall Centre for Climate Change Research）的一项报告显示，中国的碳排放总量约占世界市场的1/3，位居世界首位。面对严峻的碳排放形势，中国明确承诺了减排责任和减排义务。中国现已将节能减排与绿色发展全面融入经济发展战略中，坚持推进生态文明建设。在国际上，从哥本哈根国际气候峰会到《巴黎协定》，中国控制温室气体排放的减排承诺标准不断提高。2009年，中国政府宣布了2020年的减排目标，即单位国内生产总值碳排放（碳强度）比2005年下降40%～45%。2015年，中国在巴黎联合国气候大会上进一步承诺，到2030年单位国内生产总值碳排放比2005年下降60%～65%。2016年9月3日，中国正式签署《巴黎协定》并向联合国递交了批准文书，展现了中国作为世界第二大经济体的减排责任与担当。

2018年12月，第24届联合国气候大会在波兰卡托维兹召开，会议通过了《巴黎协定》实施细则，为《巴黎协定》的进一步落实奠定了制度基础。中国在此次会议中发挥了重要的沟通桥梁作用，为《巴黎协定》具体实施中的重点与难点问题贡献了中国的智慧和方案。

中国政府高度重视全国碳市场建设。党的二十大报告明确提出健全碳排放权市场交易制度。在碳交易体系的建设方面，2011年10月，发展改革委办公厅发布《关于开展碳排放权交易试点工作的通知》，尝试将碳排放权交易作为国家低碳减排的政策工具，设立"两省五市"碳排放权交易试点。2011年12月，国务院发布《"十二五"控制温室气体排放工作方案的通知》，针对到2015年全国单位国内生产总值二氧化碳排放比2010年下降17%的减排目标，逐步完善气候变化政策体系和体制机制优化，建立自愿减排交易机制，重点建设碳排放权交易市场，加强碳排放交易支撑体系建设。2013年6月～2014年6月，中国陆续建立了深圳、北京、天津、广东、上海、湖北、重庆七个碳排放权交易市场，这一举措标志着"两省五市"碳排放权交易试点全部启动。2016年12月，四川和福建碳排放权交易市场正式启动。2017年12月18日，发展改革委印发《全国碳排放权交易市场建设方案（发电行业）》，标志着中国正式启动全国碳排放交易体系。

2024年1月，国务院颁布《碳排放权交易管理暂行条例》，自5月1日起施行，是中国应对气候变化领域的首部专项法规，与部门规章、规范性文件以及技术规范等共同构成全国碳排放权交易市场政策法规基础框架；各级生态环境主管部门等有关部门、重点排放单位、注册登记机构、交易机构、技术服务机构等各司其职，保障全国碳排放权交易市场碳排放数据核算报告与核查、配额分配与清缴、市场交易与监管等全环节顺畅运行。近年来，我国积极实施应对气候变化国家战略，采取调整产业结构、优化能源结构、节能提高能效、建立市场机制、增加森林碳汇等一系列政策措施，各项工作取得了积极进展。2005年，国家“十一五”规划提出到2010年单位GDP能耗较2005年降低20%，主要污染物排放总量减少10%左右。2007年国务院发布并实施了《应对气候变化国家方案》，这是我国第一部应对气候变化的全面的政策性文件，也是发展中国家颁布的第一部应对气候变化的国家方案。2008年，我国的部分省市（北京、上海、天津等）成立了环境能源交易所，开始探索建立碳交易平台。2009年，国务院常务会议提出我国2020年单位GDP的CO_2排放相比2005年下降40%～45%的碳排放控制目标，并将其作为约束性指标纳入国民经济和社会发展中长期规划中。2010年国务院发布的《关于加快培育和发展战略性新兴产业的决定》首次提出要建立和完善主要污染物和碳排放交易制度。目前我国碳排放交易市场发展主要有两个阶段：地方试点市场和全国碳市场。

2.2.2 国内碳交易市场实践经验

（1）国内碳市场问题与研究现状

中国碳市场主要存在三个问题，分别是市场准入问题、碳市场和金融融合问题以及碳交易系统人才问题。其中，市场准入问题表现为碳试点分配行业不均衡。碳试点行业集中在传统高排放行业，如发电业、化工业等。与欧盟早期碳配额在各行业中分布类似，我国对于农业、新能源产业的碳交易潜力并未进行足够的开发，而由于产业覆盖范围有限，使得企业减排边际成本较高，碳市场也难以发挥其作用。

碳市场和金融融合问题则主要体现在具体金融机构的认知层面。我国金融业发展迅速，金融机构数量众多且实力雄厚，但是这部分金融机构却并没有充分认识到碳市场的发展潜力，导致金融业与碳交易系统融合性有欠缺。对于碳金融市场而言，在传统金融业资金无法及时供给的前提下，发展初期容易引发资金不足的问题，从而导致融资过度依赖政府财政补贴，进而引发诸如发展缺乏活力、创新缺乏动力等问题。

此外，碳交易系统人才不足的问题也出现在碳交易系统的建设过程中。引发这一问题的原因，一方面在于系统建设不完善导致市场对该系统的预期有限，使得从业者数量受限；另一方面在于碳行业构建阶段对具有专业理论知识的人才需求较大，而在实际情况中，专业人才的发掘和培养工作相对滞后。

在中国试点碳市场未运行之前，已有学者对碳市场的发展框架和制度设计做出了展望研究。崔金星等提出法律体系建设对碳交易市场的重要意义，提出要充分发挥法律在碳市场创建、交易规则、市场规模、交易平台构建、产品创新等方面的制度优势，在市场创造、技术支持、制度建设、配额登记与交易注册平台建设以及碳权保护中都需要法律制度的保障。杜莉等从开发性金融的视角，探索政府在宏观层面对资源配置的机制，认为开发性金融在信息溢出、风险控制以及信用体系构建等方面能够促进中国碳金融市场的健康稳定发展。陈波以碳市场的定价机制为基础研究了惩罚力度与排放权稀缺概率预期对碳价格信号的决定性因素，分析了价格上下限制、安全阀机制以及动态分配等价格管理机制，在此基础上提出了一个渐进式调控策略，从宏观层面上为中国碳交易市场的顶层制度设计开辟了新思路。

中国试点碳市场自2013年以来陆续启动，此后针对中国碳市场制度设计与管理方面的研究主要分为两个方面：一方面是对中国各试点市场制度设计进行总结和评价，最后给出未来碳市场制度构建的对策建议。Jotzo等认为中国试点碳市场存在配额过度分配、能源市场冲击、核查程序不完善以及不可预测的价格走势等潜在风险，政府决策者需要特别关注电力行业的交易行为，将监管、报告与核查制度视为健全减排体系的主要任务。Zhang则强调法律法规和环境政策的重要性，认为中国还没有形成完整的政策支撑体系，碳市场促进减排的实效性还较弱。Liu更详细地总结了中国碳市场发展的政策和进程，分析了中国碳市场的国际地位，考察了市场驱动因素以及自愿减排体系的现状与趋势，认为中国碳市场普遍存在的问题是市场的减排作用不明显、市场机制不完善、配额分配不精准以及存在滞后性。易兰等对中国7个试点碳市场2017年的运行状况进行了综合评估，认为中国试点碳市场在环境、市场以及政策等方面尚处于互相分离状态，由市场引导减排的机制效果不明显，市场未能有效发挥资源配置作用。孙振清等重点考察了中国碳市场的信息披露制度，发现中国碳市场存在信息不对称、信息披露范围有限以及信息披露监管不完善等问题，从而导致碳市场交易不活跃，参与者积极性不高，认为政策制定者应当借鉴股票市场的信息披露制度。

另一方面，学者分析了各独立试点市场的制度设计。Jiang从交易体系覆盖范围、排放限制、配额分配、MRV机制、承诺与抵消机制、监督与管理机制六个方面考察了中国第一个试点碳市场——深圳碳市场的制度设计，认为深圳碳市场未来发展的主要挑战为引导预期机制、建立库存边界、政策引导自由交易和地方交易向全国整体交易的过渡。Wu分析了上海碳市场的特征及问题，提出由经济增长模式的改变、碳泄漏、MRV机制的设立等引起的不确定性是上海碳市场的主要风险点。Munnings综合分析了广东、上海和深圳碳市场的制度设计，包括强制力度、排放限制、电力行业的参与、配额分配、国有企业覆盖、价格管理以及流动性管理，建议构建全国碳市场时应加大强制力度、防止配额过度分配、增强交易流动性并防范碳价异常波动。Xiong比较了中国、欧盟和加州碳排放体系的配额机制，详细分析了配额的构成、分配计算方法和发放方式，提出全国碳市场的制度设计上应考虑中国"新常态"的经济发展方式，在配额分配时，避免祖父原则引起的"鞭打快牛"问题，强化基准线法并增加拍卖法的发放方式，增强信息公开的时效性和透明度。王科等梳理了中国碳市场的相关政策及发展进程，分析了各试点碳市场的市场表现、履约情况及政策效果，研究发现，2017年中国试点碳市场的交易活跃度有所增长，但依然存在履约期前后交易聚集的现象：重庆的碳市场表现比往年有了显著的增强，交易量、交易额以及市场活跃度均显著提升；天津碳市场休市时间过长，交易清淡；湖北则超过广东成为中国交易规模最大的试点碳市场。他们认为，全国统一碳市场目前正处于基础建设阶段，市场机制仍需不断完善，要真正地实现降低碳减排成本和促进碳排放量下降的作用还需要至少两三年的时间。钱浩祺等提出考虑技术异质性的多因素碳排放权分配理论，研究了减排总量、地区排放量、地区排放强度和地区排放效率对碳配额分配的影响，研究结果表明，基于消费侧计算时，基于产出或排放的分配机制将带来较多的工业总产出损失，而基于生产侧责任计算时，该损失更低。

（2）国内碳市场建设历程

2006年开始，我国碳市场在北京、上海、深圳和武汉等城市进行试运行。其间初步试行市场准入规则及相关法律法规。市场准入规则随不同地市各有异同，从准入行业类别来看，高能耗、高排放行业都被各个城市包含其中，电力行业、钢铁行业和化工行业均被多个碳交易市场列入准入范围。与大多数市场不同，深圳和天津碳交易市场将服务业列入管理范围内。随着碳交易市场的扩大，为了对其进行保护和规范，行政政策和法律法规的研究制定也变得十分重要。中国碳交易市场试点立项以来，各地方行政机关以碳交易地方性法规、政府规章和部门规范文件等不同形式对排放企业、碳排放额分配方法、减排质量以及核查系统等因素进行多方面规定，这有助于碳交易市场有序发挥其作用。

2011年，在国家发布的“十二五”规划中明确提出建立完善温室气体排放统计核算制度，逐步建立碳排放交易市场。同年发展改革委发布《关于开展碳排放权交易试点》的通知，北京、上海、天津、重庆、广东、湖北和深圳成为首批7个碳交易试点。2013年深圳碳市场率先正式开市，其后一年内七个试点市场陆续启动，2017年新增福建试点。试点市场的机制建设吸取了欧盟碳交易体系的成功经验，但各试点市场在机制设计、行业范围、温室气体种类、核证自愿减排量项目等方面有一定区别。与国际碳排放市场类似，中国各个地方碳市场通常包括一主一辅两个市场。主市场为碳配额交易市场，交易主体主要为控排企业，交易品主要为碳配额；辅市场为碳信用交易市场，交易主体主要为自愿减排核证项目（CCER），控排企业可使用CCER等抵偿一定比例的配额缺口，一般不超过控排企业应清缴碳排放配额的5%~10%。2012年6月13日，国家发展改革委印发《温室气体自愿减排交易管理暂行办法》，该暂行办法明确提出通过市场方式，促进碳减排目标的实现。暂行办法中提出“核证自愿减排量”，其目的主要是针对碳减排企业，要求其实际减排量需经国家主管部门在国家自愿减排交易登记簿进行登记备案。我国现存众多CCER项目类型中，发电项目（包括风电、光伏发电、水电等）仍居主要地位。我国碳市场中，碳配额现货和CCER为主要品种的交易模式逐渐占据主流，碳市场中的主要交易产品同样以碳配额现货和CCER为主，其中现货交易方式包括公开交易、协议转让交易和拍卖交易三种。与碳现货交易相比，我国碳试点市场中碳金融衍生品数量较少，碳远期仅在武汉和深圳两个试点中存在，而碳期货依然为空白。自2014年起，北京、上海、广州、深圳、湖北等碳交易试点省市，先后推出了近20种碳金融产品，但部分产品市场参与度较低。

2017年中国建立了第一个统一的碳交易市场体系，其中发电行业碳排放权成为碳交易的重点对象。但与传统碳市场不同之处在于，我国碳市场成立后并没有立即开放碳排放权交易，而是由国家进行整体布局规划，从重点行业入手逐步开放，即高排放行业先进入碳市场，后逐步开放碳交易，碳市场领域除了发电行业也逐步开放至石油气行业、航空业、钢铁行业和化工业等领域。

2021年7月16日，我国启动全国性碳市场后，碳市场规模不断扩大，2021年年内114个交易日累计成交碳配额1.79亿t，成交金额达到76.61亿元。随着碳市场覆盖范围和规模日益扩大，碳资产受到广泛关注，如何管理碳资产、实现碳资产保值增值成为控排企业发展面临的重要问题，在此背景下碳资产管理公司应势而生。据天眼查企业信息查询网站统计，成立于2015—2021年间的碳资产管理公司多达2497家，其中近两年成立的公司约1024家，占比超过四成。截至2023年底，2021、2022年度配额清缴完成率分别为99.61%、99.88%，较第一个履约周期进一步提升，位于国际主要碳市场前列。2022年1月1日～2023年12月31日，碳排放配额成交量2.63亿t，成交额172.58亿元。交易规模逐步扩大，交易价格稳中有升，参与交易的重点排放单位数量较第一个履约周期上涨31.79%。通过灵活履约机制共计为202家受困重点排放单位纾解了履约困难。

在地方试点市场建立初期，初始排放权分配方案的制定和选择是影响各省区碳交易策略及其减排成本的重要环节，也是碳交易市场设计和建设的根本性问题。一般来说，配额分配方法可分成有偿分配法和免费分配法。受限于经济发展阶段、地区发展差异和碳市场建设能力水平，我国现阶段地方试点碳市场的配额分配还是以免费发放为主。免费配额分配方法包括基于历史碳排放总量的方法、基于历史碳排放强度的方法和基准线法等；基于历史碳排放强度的方法和基准线法又分为基于过去活动水平的方法和基于未来实际活动水平的方法。但从具体的覆盖行业、CCER抵消制度、行业配额核算方法来看，各个地方试点市场各具地区经济发展、排放结构特色。表2-3以北京、天津、上海、湖北及广东试点碳市场为例，展示了各试点市场机制的异同。

由于各个地方市场政策设定具有一定差别，地方行业发展各具特色，因此各个地方市场的交易活跃度也有很大差别。举例来说，2018年度成交总量占配额总量最高的为深圳碳市场，比例高达42.9%，而重庆市场的比例最低，仅为0.21%。截至2021年末，广东市场的累计成交额与成交量位列各试点市场首位，也是中国试点市场中唯一累计成交总量超过亿吨的地方市场（见表2-4）。总体来看，除未公布的数据以外，各个地方试点的履约率均达99%以上。

表 2-3　全国碳市场地方试点市场机制异同

地区		北京	天津	上海	湖北	广东
覆盖行业		电力、热力、水泥、石化、其他工业、服务业、交通运输业	电力、热力、建材、造纸、钢铁、化工、石化、油气开采、航空业	电力、钢铁、石化、化工、有色、建材、纺织、造纸、橡胶和化纤、航空、机场、水运、港口、商场、宾馆、商务办公建筑和铁路站点	电力、热力、有色金属、钢铁、化工、水泥、石化、汽车制造、玻璃、陶瓷、供水、化纤、造纸、医药、食品饮料	电力、水泥、钢铁、石化、造纸、民航
纳入门槛		二氧化碳排放5000 t以上		二氧化碳排放2万t以上	综合能耗1万tCE及以上	二氧化碳排放2万t以上
配额分配机制	无偿分配	大部分无偿分配	无偿分配	历史排放法全部发放，其他预发放80%并调整剩余部分免费发放	预留8%，其余免费发放	电力免费比例：95%；钢铁、石化、水泥、造纸免费比例：97%；航空免费比例：100%
	有偿分配	预留总量5%	基于市场情况	部分有偿竞拍		500万t以内
	配额方法	基准线法、历史排放法、历史强度法	历史强度法和历史排放法	基准线法、历史强度法和历史排放法	基准线法、历史强度法和历史排放法	基准线法、历史强度法和历史排放法
配额分配方案	热电行业	供电排放基准：燃气机组0.3694～0.4341 tCO_2/（MW·h）；供热排放基准：0.0528 tCO_2/GJ	历史强度控排系数：0.98～0.998	燃气机组供电基准值0.3863～0.4699tCO_2/（MW·h）；燃煤机组供电基准值0.7838～1.1843tCO_2/MW；供热排放基准：0.0623～0.1046 tCO_2/GJ	燃煤机组供电基准值0.7524～0.8125 tCO_2/MW	燃气机组供电基准值0.3980～0.4840 tCO_2/（MW·h）；燃煤机组供电基准值0.8000～0.9680 tCO_2/MW
	化工行业	2020年石化重点企业控排系数0.9，其他石化企业0.92	历史排放控排系数0.98	取2017—2019年产品碳排放强度加权平均值	历史强度控排系数0.9403	历史排放法年度下降系数1
CCER抵消制度	比例限制	5%	10%	5%	10%	10%
	地域限制	50%来自京内CCER	50%来自京津冀地区	无地域限制	100%本地，沼气和林业	50%来自广东
最新政策文件		北京市重点碳排放单位配额核定方法2020	2020年度配额安排的通知	上海市2020年碳排放配额分配方案	湖北省2019年度碳排放权配额分配方案	广东省2020年碳排放配额分配实施方案通知

表 2-4　试点碳市场交易情况（截至 2021 年末）

试点	累计成交额/亿元	累计成交量/10^6t	成交均价/（元/t）
广东	36.19	176.02	20.56
湖北	17.56	76.37	22.99
深圳	11.85	49.22	24.08
北京	10.37	16.4	56.42
上海	5.46	17.79	30.71
天津	4.10	18.66	21.96
重庆	0.66	9.71	18.28

从分配机制来看，上海和广东市场积极引入了有偿竞价的分配模式。有偿竞价对于市场价格的作用主要体现在锚定碳配额价格、价格发现以及抑制高价。以上海有偿竞价为例，自2017年上海市首次发布2016年度碳排放配额有偿竞价发放的公告以来，截至2023年底已经开展了11次碳排放配额有偿竞价发放。履约竞价只在履约截止日期前一天针对控排企业开展，通过竞价上浮的方式激励企业尽早通过二级市场交易完成履约，强化了市场机制。根据历年的履约竞价表现来看，履约竞价期间市场通常呈现量价齐升的趋势，2017年时上海配额交易价格一度涨停至36.42元/t。相对于履约竞价，2020年上海首次向排放企业和机构投资者共同开放了非履约竞价，开放日期距履约日长达三个月时间，使得碳配额竞价成为市场价格调节工具，给予投资者和减排企业更多的参与机会，在一定程度上缓解了配额供给短缺的压力。不同于上海有偿竞价方式，广东碳市场在第二年就向市场投资机构开放了碳配额竞价，同时强制所有排放企业在第一年参与竞价，即必须购买3%的配额后，97%的配额才生效。在之后的竞价市场中，广东碳市场仅要求增量部分（新建企业）参与竞价市场以激活其初始配额。在市场中整体供大于需的情况下，广东市场碳价格呈下降趋势，最终碳交易二级市场的市场价格和竞买价格逐渐一致。根据广东和上海两个地方市场竞价机制来看，履约竞价对于市场的价格起到了拉升作用，而非履约竞价和激活竞价等模式抑制了市场价格增长。

根据各个地方市场的经验来看，抵偿比例的设置可以直接影响市场配额供需关系和碳价走势，各个试点地区的抵消比例为3%～10%，部分市场动态调整抵偿比例和要求，起到了调整市场配额供需关系，缓解配额价格异常波动的作用。各个地方市场抵偿机制的差异主要来自两个维度：时间和来源地。其中大部分试点市场要求CCER项目50%来自本地区，湖北地区甚至要求100%来自本省且归属于农村沼气和林业类项目。同时，部分试点市场限制了项目计入时期，大部分计入最早时间为2013年，因此在一定程度上限制了2013年以前中国的CDM项目转换到CCER项目。

自2013年以来的试点碳市场配额线上交易价格如图2-8所示，与国际主要碳市场相比，我国试点碳市场的碳价水平整体偏低，绝大多数的试点碳市场现货交易流动性不足，日成交量较低。在地方试点市场中，北京地方市场的价格最高，波动性最大，2021年底（履约期前）最高价格达90元/t，而2021年初价格跌落至30元/t左右，之后价格继续回升到80元/t。相比其他地方市场，北京碳市场的减排要求、抵偿机制最为严格，现货交易流动性不足，存在市场操控等套利行为，同时存在较为明显的履约期效应。

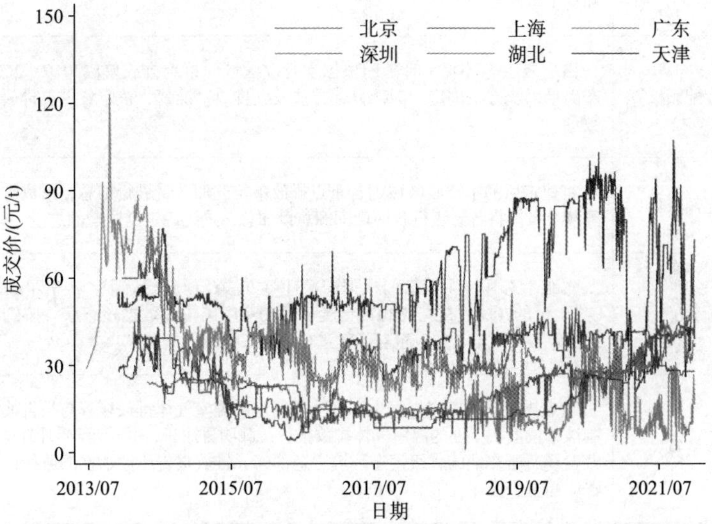

图2-8 我国试点碳市场配额价格（彩图见彩插）
（数据来源：Wind数据库，碳交易网）

2017年12月，发展改革委印发《全国碳排放权交易市场建设方案（电力行业）》（下文简称为《方案》），标志着中国碳排放交易体系完成了总体设计，并正式启动。《方案》明确了全国碳排放权交易市场的建设思路，明确了以碳市场作为控制温室气体排放政策工具的定位。根据《方案》，全国碳市场初期以发电行业为突破口率先启动全国碳排放交易体系，培育市场主体，完善市场监管，逐步扩大市场覆盖范围，丰富交易品种和交易方式。条件成熟后，扩大至其他高耗能、高污染和资源性行业。初期交易产品为配额现货，条件成熟后增加符合交易规则的国家核证自愿减排量及其他交易产品。

2020年12月30日生态环境部出台了《碳排放权交易管理办法（试行）》，印发了《2019—2020年全国碳排放权交易配额总量设定与分配实施方案（发电行业）》，标志着全国碳市场正式启动第一个履约周期。表2-5和图2-9展示了全国碳交易市场配额核算和清缴的流程。

表 2-5　全国碳交易市场配额核算和清缴流程

流程	内容
（1）确定重点排放单位	纳入的重点排放单位为2013—2019年任一年排放达到2.6万tCO_2e及以上的发电企业和自备电厂
（2）企业配额核算	由省级生态环境主管部门根据本行政区域内重点排放单位2019—2020年的实际产出量以及方案确定的配额分配方法及碳排放基准值，核定各重点排放单位的配额数量
（3）总配额核算	将核定后的本行政区域内各重点排放单位配额数量进行加总，形成省级行政区域配额总量。将各省级行政区域配额总量加总，最终确定全国配额总量
（4）配额分配	省级生态环境主管部门根据配额计算方法及预分配流程，按机组2018年度供电（热）量的70%，在完成2019年度和2020年度碳排放数据核查后，按机组2019年和2020年实际供电（热）量对配额进行最终核定
（5）排放核算	重点排放单位应当根据生态环境部制定的温室气体排放核算与报告技术规范，编制该单位上一年度的温室气体排放报告，载明排放量，并于每年3月31日前报至生产经营场所所在地的省级生态环境主管部门。排放报告所涉数据的原始记录和管理台账应当至少保存五年
（6）配额交易	重点排放单位可以通过全国碳排放权交易系统进行交易，可以采取协议转让、单向竞价或者其他符合规定的方式；使用国家核证自愿减排量抵销碳排放配额的清缴，抵销比例不得超过应清缴碳排放配额的5%
（7）配额清缴	重点排放单位应当在生态环境部规定的时限内，向分配配额的省级生态环境主管部门清缴上年度的碳排放配额。重点排放单位配额履约清缴义务最高为其获得的免费配额量加20%

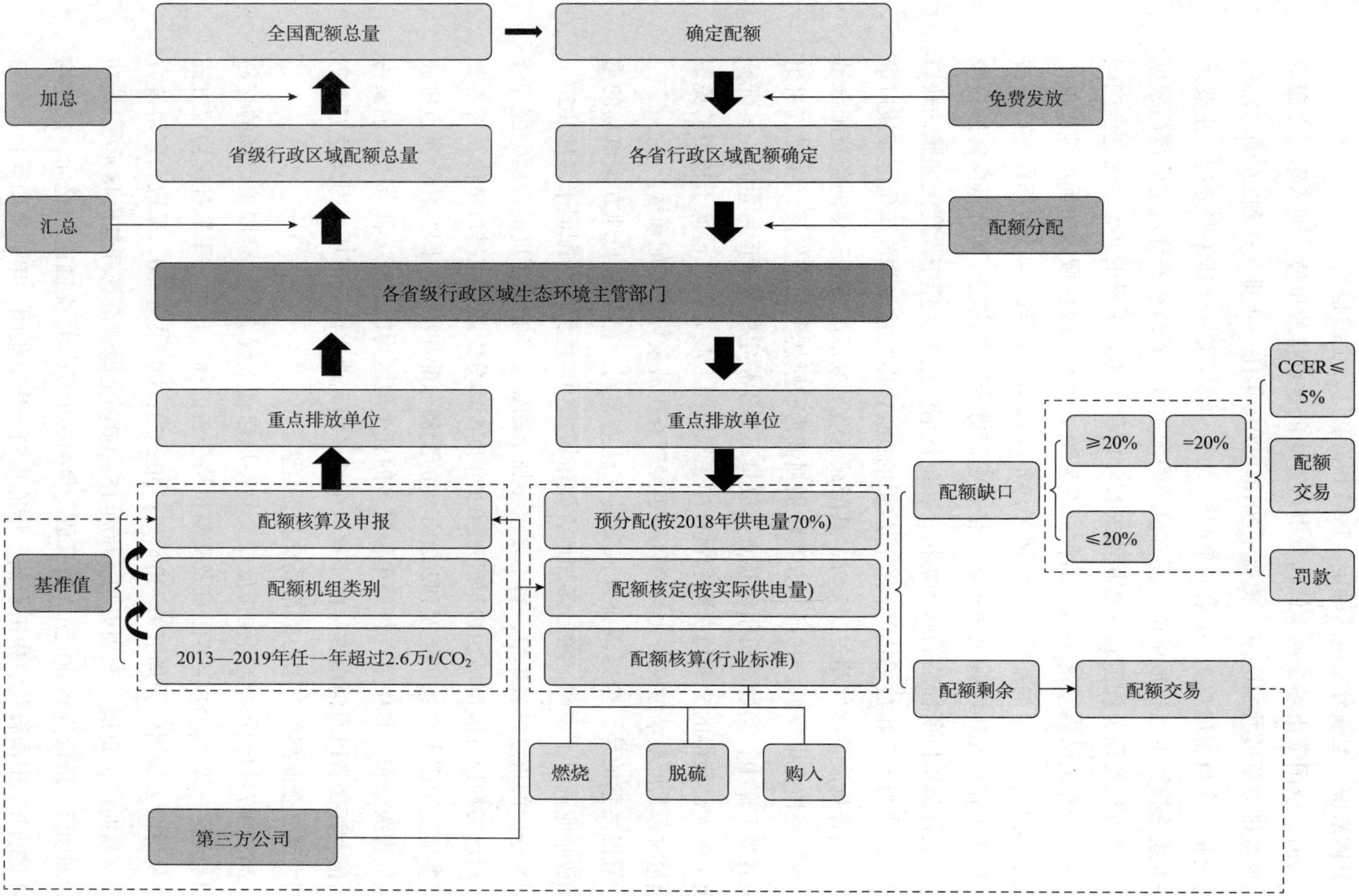

图 2-9　全国碳交易市场配额核算和清缴的流程

具体来说，配额分配包括确定、核算和清缴这几个流程。

目前，全国碳市场交易主体为发电行业中的重点排放单位。纳入第一个履约期的重点排放单位共2162家，覆盖了2013—2019年任一年排放达到2.6万tCO_2e的发电企业（含自备电厂）。在第一个履约期内，配额实行全部免费分配，主要采用基准线法核算重点排放单位所拥有机组的配额量。省级生态环境主管部门根据配额计算方法及预分配流程，按机组2018年度供电（热）量的70%，通过全国碳排放权注册登记结算系统（以下简称注登系统）向本行政区域内的重点排放单位预分配2019—2020年的配额。在完成2019年度和2020年度碳排放数据核查后，按机组2019年和2020年实际供电（热）量对配额进行最终核定。为降低配额缺口较大的重点排放单位所面临的履约负担，在配额清缴相关工作中设定配额履约缺口上限，其值为重点排放单位经核查排放量的20%，即当重点排放单位配额缺口量占其经核查排放量比例超过20%时，其配额清缴义务最高为其获得的免费配额量加20%的经核查排放量。并且，方案特别强调为鼓励燃气机组发展，在燃气机组配额清缴工作中，当燃气机组经核查排放量不低于核定的免费配额量时，其配额清缴义务为已获得的全部免费配额量；当燃气机组经核查排放量低于核定的免费配额量时，其配额清缴义务为与燃气机组经核查排放量等量的配额量。

值得注意的是，全国碳排放权交易实施方案对于已经参与地方碳市场的重点排放企业进行了说明。对已参加地方碳市场2019年度配额分配但未参加2020年度配额分配的重点排放单位，暂不要求参加全国碳市场2019年度的配额分配和清缴。对已参加地方碳市场2019年度和2020年度配额分配的重点排放单位，暂不要求其参加全国碳市场2019年度和2020年度的配额分配和清缴。图2-10为重点排放单位的省级分布，其中重点排放单位最多的五个地区为山东省、江苏省、内蒙古自治区、浙江省以及河南省。由于这五个地区均无地方试点市场，因此这五个省份的大部分企业都没有参与碳市场交易的经验。

2021年7月16日，全国碳排放权交易市场启动上线交易。全国碳市场的交易时间与A股一致。除法定节假日及交易机构公告的休市日外，采取挂牌协议方式的交易时段为每周一至周五9：30至11：30、13：00至15：00，采取大宗协议方式的交易时段为每周一至周五13：00至15：00。全国碳市场开盘价48元/t，最高价52.80元/t，最低价48.00元/t。首日成交量410.40万t，成交额逾2.1亿元，成交均价51.23元/t。中国石化、中国石油、华能集团、华电集团、申能集团等企业参与

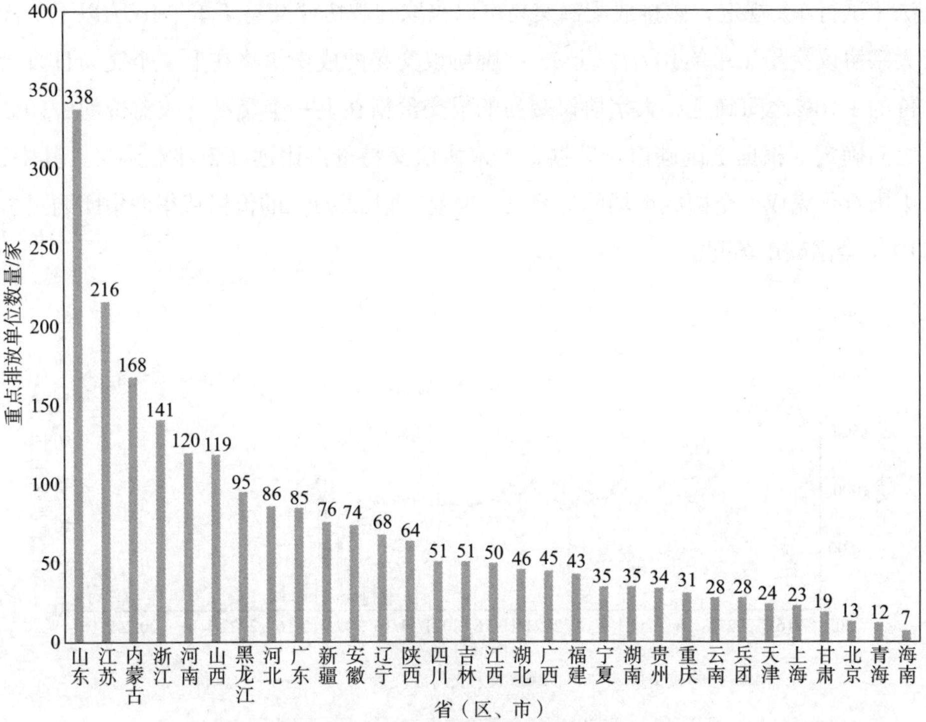

图2-10　重点排放单位的省级分布

（资料来源：ICAP）

了全国碳市场首日交易。图2-11展示了2021年7月16日～2022年2月28日全国碳市场交易情况。根据公布数据显示，自2021年碳市场启动至2021年12月31日，全国碳排放权交易市场共运行114个交易日，碳排放配额（CEA）累计成交量1.79亿t，累计成交额76.61亿元。其中，挂牌协议交易累计成交量3077.46万t，累计成交额14.51亿元；大宗协议交易累计成交量14801.48万t，累计成交额62.10亿元。12月31日收盘价54.22元/t，较首日开盘价上涨12.96%。超过半数重点排放单位积极参与了市场交易。按照履约量来看，全国碳市场在2021年的履约完成率达到了99.5%，市场日均成交量超过150万t，是欧盟现货二级市场的20倍以上。

图2-11展示了全国碳市场日交易价格和交易量的基本情况。总体来说，全国碳市场在初期交易量较小，而临近履约期碳市场交易较为活跃，呈现比较明显的履约期效应。从价格波动来看，履约期前的碳市场价格稳定在40元/t，而在履约期临近时碳市场价格迅速攀升至60元/t并保持稳定。根据《碳排放权交易管理办

法（试行）》规定，碳排放配额交易可以采取挂牌协议交易（单笔10万t以下）和大宗协议交易（单笔10万t以上），挂牌协议交易的成交价格在上一个交易日收盘价的±10%之间确定，大宗协议交易的成交价格在上一个交易日收盘价的±30%之间确定。根据全国碳市场数据，大宗协议交易量占比远高于挂盘协议。其中，中国石化完成了全国碳市场的首笔大宗交易，以52.9元/t的价格从华润集团购买了10万t全国碳市场配额。

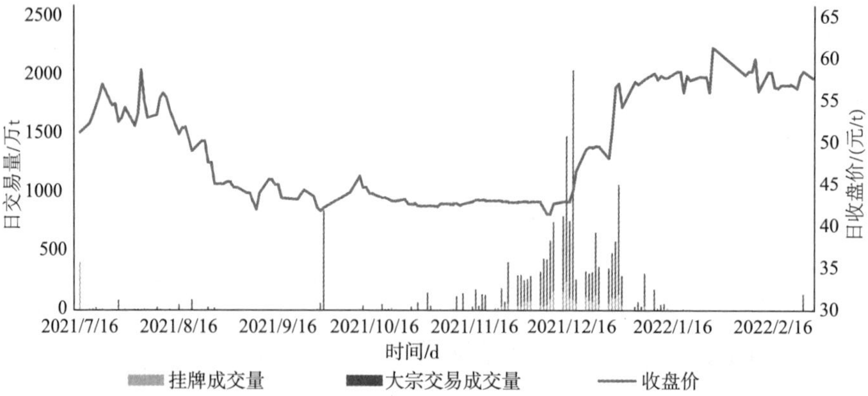

图 2-11　开市以来的全国碳市场交易情况（彩图见彩插）

全国碳市场压实了企业碳减排主体责任，在全社会树立了“排碳有成本、减碳有收益”的低碳意识。重点排放单位基本都开展了元素碳含量实测。通过推动企业灵活减排，碳市场控制温室气体排放、促进能源结构调整的导向作用日益显现。2023年全国火电碳排放强度（单位火力发电量的二氧化碳排放量）相比2018年下降2.38%，电力碳排放强度（单位发电量的二氧化碳排放量）相比2018年下降8.78%。2024年4月24日，全国碳排放权交易市场收盘价首次突破每吨百元。碳排放权的绿色金融属性获得越来越多金融机构的认可，碳排放权交易价格为开展气候投融资、碳资产管理、配额质押等锚定了基准价格，撬动了更多绿色低碳投资，促进火电行业能效提升、能源结构调整，显现出对绿色低碳高质量发展的积极推动作用。

我国的全国统一碳市场建设，一方面遵循了碳市场的基本原理和充分借鉴国际实践经验，另一方面是从中国的实际出发，走有中国特色的碳市场发展之路。在目前的初始阶段，中国的全国碳市场总体上是一个基于强度的碳市场，而不是一个基于总量的碳市场，同时为了积极推广碳市场交易、碳减排技术，主要采用免费配额方式。根据不同行业发展水平，按“严控增量”的原则，设定全国碳市场配额总量和确定行业碳排放基准，逐步调整各个行业的减排系数，积极发挥全国碳市场建设在实现2030年前碳达峰目标中的作用。

2.2.3 国内碳资产管理典型案例

随着我国碳排放交易市场的形成，电力行业受到碳排放量大，能充分发挥碳市场对碳排放的积极作用以及管理制度健全，基础数据完整利于核实便于配额分配的影响，成为我国碳市场建设的突破口。国家电网有限公司作为首个制定碳达峰碳中和行动方案的电力企业，其在碳资产管理中形成的以下三个方面的经验，对我国油气企业结合国内碳发展情况制定碳资产管理体系具有积极意义。

①创新能源技术，减少碳排放。国家电网在“碳达峰碳中和”目标指导下，推动“新跨越行动计划”实施，同步推进理论和技术创新。加快电力系统运行和电力控制技术的研发，推进虚拟电厂的建立，积极支持新能源等技术进步和应用研究，推动源配电网、分布式能源、终端能效和能源综合利用技术装备的发展，推动科技示范项目的发展。

②以电网发展为主线进行全面碳管理。国家电网贯彻落实低碳发展理念，采取业务全覆盖、过程全监督、全员参与、全方位推进、全因子控制、全链条融合的全面管理。将公司的全业务内容都纳入，各业务从选址到最终废弃的全生命周期各个阶段都考虑在内，将减排责任落实到总部乃至地级市的相关领导和环境管理人员，推动实现电力生产、输送、消费全链条的绿色低碳发展。

③打造数字经济平台，推动碳资产云管理。国家电网打造的数字经济平台，将煤、油、气、电等能源数据全面综合接入，汇聚能源全产业链信息，实现企业碳汇资源监测、发电排放数据管理，根据对碳达峰碳中和数据的分析实现对碳排放数据、碳交易信息，以及未来碳达峰碳中和数据的预测。

碳资产管理需求取决于企业拥有的碳配额规模，企业间碳配额的规模差异产生了不同的管理模式，按管理主体可分为自主管理和委托管理两种模式。

自主管理模式即组建碳资产管理公司或专业部门。碳配额规模大的控排企业，通常会组建碳资产管理公司或专业部门，建设碳资产管理平台，在统筹管理公司自身碳资产的同时，还为外部市场提供碳资产管理服务。碳资产自主管理主要针对企业碳资产开发、碳市场分析、碳配额管理、排放报告编制、质量控制、审核风险控制、碳交易运作等，进行实时跟踪和反馈企业管理过程信息，提出解决方案。同时，根据重点功能节点设置数据分析、报告编制、审核质控、交易管理等子部门，子部门间进行信息对接与方案评估改进，通过跨职能部门的水平整合和优化合作，提升综合管理能力以获得减少碳排放的最大潜力。

委托管理即碳资产托管。其他控排企业及拥有碳信用的主体，受市场不确定性、人才短缺等因素影响，倾向于选择专业化的碳资产托管机构，以相对较小的投入降低履约成本，实现碳资产保值增值。根据托管深度，碳资产托管有狭义和广义之分，狭义的碳资产托管仅对碳配额进行托管，广义的碳资产托管则将所有与碳排放相关的管理工作委托给托管机构来策划实施，包括但不限于CCER开发、碳资产账户管理、碳金融咨询服务等。现行碳资产托管模式主要有两种：一种是双方协议托管。企业和碳资产管理机构通过签订托管协议建立碳资产托管合作，该模式下碳资产划转及托管担保方式灵活多样，控排企业可以将拥有的配额交易账户委托给碳资产管理机构来全权管理操作，后者支付一定保证金或开具银行保函承担托管期间的交易风险。双方协议托管模式的弊端取决于双方的商业谈判及信用基础，信用风险隐患较大。另一种是交易所监管托管。国内试点市场的碳交易所普遍开发了标准化的碳资产托管服务，通过碳交易所全程监管碳资产托管过程，可减少碳资产托管合作中的信用障碍，同时实现碳资产管理机构资金高效利用，有助于碳资产托管业务推广。

国内部分大型能源企业，前期通过参与CDM 项目开发和各地碳交易市场试点，在合规履约和市场交易等方面积累了一定经验，初步涉足碳金融等相关业务。中国海油控股的中海油能源发展股份有限公司，已形成碳资产管理价值体系和业务链条，覆盖碳减排管理、碳项目认证、碳交易、碳金融、行业服务等业务。华能集团于2010年设立华能碳资产经营有限公司，作为集团碳资产统一经营运作管理的平台公司。十余年来，华能碳资产经营公司相继出台温室气体减排管理办法、碳资产管理办法等规章制度，构建起碳资产管理制度体系以及集团公司—产业公司/区域公司—基层企业三级管理架构。华能碳资产经营有限公司主要业务分为四大板块：一是综合能源服务业务，包括综合能源服务云平台运营、综合能源服务生态体系建设，综合能源服务项目的开发、建设与运维，提供低碳能源综合高效利用一体化解决方案和一站式服务，基于综合能源服务的分布式能源等项目的投资与管理，电力等能源销售与能源贸易等。二是碳资产经营管理业务，包括碳资产交易、碳配额管理与履约服务、碳减排项目开发、碳排放核算与第三方核查服务、碳资产信息系统研发与管理、碳交易经纪、低碳规划咨询等。三是节能减排业务，包括合同能源管理项目投资、节能减排技术开发与项目实施、节能减排产品销售等。四是碳金融业务，包括碳减排指标与碳配额投资、低碳产业基金管理、节能减排项目投资、低碳产业财务顾问等。2014年，华能碳资产经营有限公司联合诺安基金创立了中国第一只经证监会备案的碳交易基金，规模为3 000万元人民币。协助下属企业开展了行业首单碳指标互换期权交易以及行业首单碳指标托管业务，为排放企业带来大额无风险收益，也积累了宝贵经验。历经十余年发展，华能碳资产经营有限公司已初步形成了涵盖能源、金融及商务、法律等相关背景的专业化复合型人才队伍，培养了一支高水平的专业管理团队。

中国石油化工集团公司（以下简称中国石化）有专门部门来进行整个集团企业的碳资产管理工作，其主要职责及已开展工作包括四个方面：一是完善体制机制，建立企业内部的碳交易制度规范企业参与碳市场的各个环节，同时还建立燃动能耗一体化考核体系，通过评价燃动能耗成本、污染物产生量及CO_2产生量等，来分析企业的经济效益和环境承载力。二是开展碳盘查和碳核查。中国石化建立了内部资产管理信息系统，对下属油田、炼化企业开展初步的碳盘查和碳核查。三是开展碳捕集、碳矿化、产品碳足迹、生物航煤等技术研究，并实施“能效倍增”计划、淘汰落后产能、充分利用低温余热、发展地热产业、开发非常规油气资源、开发利用太阳能、建设CO_2捕集示范装置等减排行动。四是参与碳交易。不仅开发CCER项目来获取减排量，还进行碳交易相关工作，包括MRV、减排方案制定、交易策略制定等。2021年7月16日全国碳排放权交易市场启动后，中国石化能源管理与环境保护部指导完成了胜利油田、上海石化、茂名石化和中天合创四家控排企业的首日碳交易工作。

2.2.4 碳排放核算标准概述

在碳市场建设的同时，碳排放核算体系和核算标准逐步完善。2012年，发展改革委颁布《温室气体资源减排交易管理暂行办法》，正式启动自愿减排项目的申报、审定、备案、签发工作流程，开发建设全国碳交易登记注册系统，为全国碳市场的开展奠定了基础，并于2013年、2014年和2015年分三批陆续公布了24个重点行业温室气体排放核算方法与报告指南。本书重点关注发电行业、化工行业和石化行业的碳排放核算方法。

（1）发电企业碳排放核算方法

根据《中国发电企业温室气体排放核算方法与报告指南（试行）》（下文简称为《指南（试行）》），发电企业温室气体排放核算包括《京都议定书》中所规定的六种温室气体，分别为二氧化碳、甲烷、氧化亚氮、氢氟碳化物、全氟化碳和六氟化硫。发电企业的温室气体核算和报告范围包括：化石燃料燃烧产生的二氧化碳排放、脱硫过程的二氧化碳排放、企业净购入使用电力产生的二氧化碳排放。企业厂界内生活耗能导致的排放原则上不在核算范围内。同时，各个地方政府监管部门均参照《指南（试行）》制定地方碳排放核算办法。

图2-12展示了热电企业进行碳排放核算的具体流程。首先，企业应当界定其生产系统和辅助生产系统的界限，发电企业根据其发电生产过程的异同，其温室气体核算和报告范围包括：化石燃料燃烧、脱硫过程、购入电力产生的二氧化碳。其中化石燃料排放是指煤炭、天然气、汽油、柴油等化石燃料（包括发电用燃料、辅助燃油与搬运设备用油等）在几种类型的固定或移动燃烧设备中发生氧化燃烧过程产生的二氧化碳排放。脱硫过程排放是指发电企业生产过程中使用脱硫剂（碳酸盐）分解产生的二氧化碳排放。购入电力排放是指企业消费的购入电力所对应的二氧化碳排放。

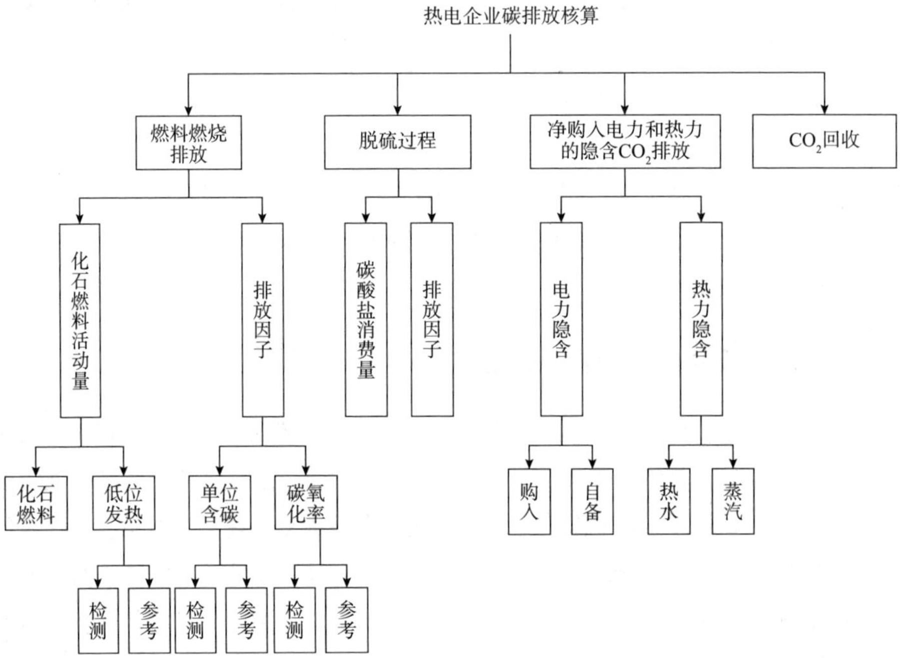

图 2-12　热电企业碳排放核算示意图

在确定界限和生产系统后，控排企业进行温室气体排放主要工作流程依次为：识别排放源，收集活动数据，选择和获取排放因子，计算各流程的二氧化碳排放量，汇总计算企业温室气体排放。在具体排放核算中，控排企业主要需要测量并计算本地燃烧排放（$E_{燃烧}$）、工业过程排放（$E_{脱硫}$）、外购电（热）排放（$E_{电}$）三项，可表示为：

$$E=E_{燃烧}+E_{脱硫}+E_{电} \tag{1}$$

式中，E为二氧化碳排放总量，t；$E_{燃烧}$为燃烧化石燃料（包括发电及其他排放源使用化石燃料）产生的二氧化碳排放量，t；$E_{脱硫}$为脱硫过程产生的二氧化碳排放量，t；$E_{电}$为净购入电力产生的二氧化碳排放量，t。

化石燃料燃烧产生的温室气体排放按照公式（2）计算：

$$E_{燃烧}=\sum_i AD_i \times EF_i \tag{2}$$

式中，AD_i为第i种化石燃料活动水平，TJ，以热值表示，由各类化石燃料的消耗量与平均低位发热值决定；EF_i为第i种燃料的排放因子，CO_2/TJ，i为化石燃料的种类。

排放因子按公式（3）计算：

$$EF_i=CC_i \times OF_i \times \frac{44}{12} \tag{3}$$

式中，CC_i为第i种化石燃料的单位热值含碳量，tC/TJ；OF_i为第i种化石燃料的碳氧化率，%；44/12为二氧化碳与碳的分子量之比。其中，如果企业没有对平均低位发热值和单位热值含碳量进行数据收集和观测，则采用《指南（试行）》中的默认值。对于燃煤机组，排放中还会考虑脱硫过程的二氧化碳排放，由碳酸盐的消耗量×排放因子得出。对于净购入电力产生的二氧化碳排放，用净购入电量乘以该区域电网平均供电排放因子得出。

根据以上排放过程计算公式，发现企业主体需要对所有产品生产所使用的不同品种化石燃料的消耗量和相应的低位发热量，脱硫剂消耗量，购入的电量进行活动数据记录。其中，排放报告因子数据需要主体企业记录消耗的各种化石燃料的单位热值含碳量和碳氧化率，脱硫剂的排放因子，购入电力的排放因子。在企业具体核算排放数据时，企业通过排污许可系统摸查企业总体排放情况，包括固定排放源、移动排放源、制程排放源、逸散排放源和间接排放，系统中数据核算公式与《指南（试行）》中的方法基本一致。

（2）化工企业碳排放核算方法

目前，各个地方试点市场化工企业温室气体排放的核算方法主要依据发展改革委发布的《中国化工生产企业温室气体排放核算方法与报告指南（试行）》。类似于发电企业排放核算标准，化工企业排放核算同样包括了六种温室气体，分别为二氧化碳、甲烷、氧化亚氮、氢氟碳化物、全氟化碳和六氟化硫。化工企业应当界定其生产系统和辅助生产系统的界限，其温室气体核算和报告范围包括：①燃料燃烧排放；②工业生产过程排放；③CO_2回收利用量；④净购入的电力和热力消费引起的CO_2排放；⑤其他温室气体排放。在确定界限和生产系统后，控排企业进行温室气体排放主要工作流程依次为：识别排放源，收集活动数据，选择和获取排放因子，计算各流程的二氧化碳排放量，汇总计算企业温室气体排放。

不同于发电企业核算的是，化工生产企业温室气体排放总量应等于燃料燃烧CO_2排放加上工业生产过程CO_2当量排放，减去企业回收且外供的CO_2量，再加上企业净购入的电力和热力消费引起的CO_2排放量。图2-13为化工行业温室气体排放核算的流程示意图。

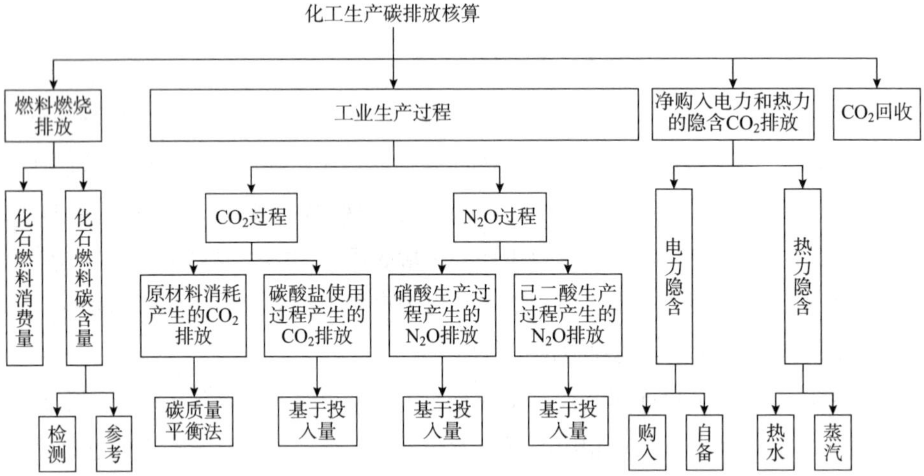

图 2-13　化工行业温室气体排放核算的流程示意图

在具体排放核算中，方法如下：

$$E_{GHG}=E_{co_2-燃烧}+E_{GHG-过程}-R_{co_2-回收}+E_{co_2-净电}+E_{co_2-净热} \quad (4)$$

式中，E_{GHG}为报告主体的温室气体排放总量，单位为tCO_2e；$E_{CO_2-燃烧}$为企业边界内化石燃料燃烧产生的CO_2排放；$E_{GHG-过程}$为企业边界内工业生产过程产生的各种温室气体CO_2当量排放；$E_{CO_2-回收}$为企业回收且外供的CO_2量；$E_{CO_2-净电}$为企业净购入的电力消费引起的CO_2排放；$E_{CO_2-净热}$为企业净购入的热力消费引起的CO_2排放。

燃料燃烧的CO_2排放量主要基于分品种的燃料燃烧量、单位燃料的含碳量和碳氧化率计算得到：

$$E_{CO_2-燃烧}=\sum_i (AD_i \times CC_i \times OF_i \times \frac{44}{12}) \tag{5}$$

式中，i为化石燃料种类；AD_i为化石燃料品种i明确用作燃料燃烧的消费量，对固体或液体燃料以t为单位，对气体燃料以万Nm^3为单位；CC_i为化石燃料i的含碳量，对固体和液体燃料以tC/t燃料为单位，对气体燃料以tC/万Nm^3为单位；OF_i为化石燃料i的碳氧化率，%。

与发电行业类似，如果企业没有建立台账监测并记录低位发热量、热值单位、单位热值含碳量，则采用《指南》中的缺省值。工业生产过程温室气体排放量等于工业生产过程中不同种类的温室气体排放折算成CO_2当量后的和，具体计算步骤如下：

$$E_{GHG过程}=E_{CO_2过程}+E_{N_2O过程}\times GWP_{N_2O} \tag{6}$$

$$E_{CO_2过程}=E_{CO_2原料}+E_{CO_2碳酸盐} \tag{7}$$

$$E_{N_2O过程}=E_{N_2O硝酸}+E_{N_2O乙二酸} \tag{8}$$

式中，$E_{CO_2原料}$为化石燃料和其他碳氢化合物用作原材料产生的CO_2排放；$E_{CO_2碳酸盐}$为碳酸盐使用过程产生的CO_2排放；$E_{N_2O硝酸}$为硝酸生产过程的N_2O排放；$E_{N_2O乙二酸}$为己二酸生产过程的N_2O排放；GWP_{N_2O}为N_2O相比CO_2的全球变暖潜势（*GWP*）值。根据IPCC第二次评估报告，100年时间尺度内$1tN_2O$相当于$310tCO_2$的增温能力。

$$R_{CO_2回收}=Q\times PUR_{CO_2}\times 19.7 \tag{9}$$

式中，Q为报告主体回收且外供的CO_2气体体积，万Nm^3；PUR_{CO_2}为CO_2外供气体的纯度，%；19.7为CO_2气体的密度，t/万Nm^3。

$$E_{CO_{2净电}} = AD_{电力} \times EF_{电力} \tag{10}$$

$$E_{CO_{2净热}} = AD_{热力} \times EF_{热力} \tag{11}$$

式中，$AD_{电力}$为企业净购入的电力消费，MW·h；$EF_{电力}$为电力供应的CO_2排放因子，tCO_2/MW·h，采用国家最新发布值；$AD_{热力}$为企业净购入的热力消费，GJ；$EF_{热力}$为热力供应的CO_2排放因子，tCO_2/GJ，类似于发电行业。

此外，在化工企业还涉及石化企业温室气体排放核算，该核算方法参考《中国石油化工企业温室气体排放核算方法与报告指南》。化工与石化企业的温室气体排放核算方法几乎一致，其温室气体核算和报告范围包括：①燃料燃烧排放；②火炬气燃烧；③工业生产过程排放；④CO_2回收利用量；⑤净购入的电力和热力消费引起的CO_2排放；⑥其他温室气体排放。虽然石化企业的工业生产过程工艺更为复杂，但是排放核算方法主要基于化石燃料燃烧计算和碳平衡计算，计算公式和排放因子参数与化工行业一致，具体公式可参考化工企业温室气体排放核算部分。图2-14为石化企业温室气体排放核算方法示意图。

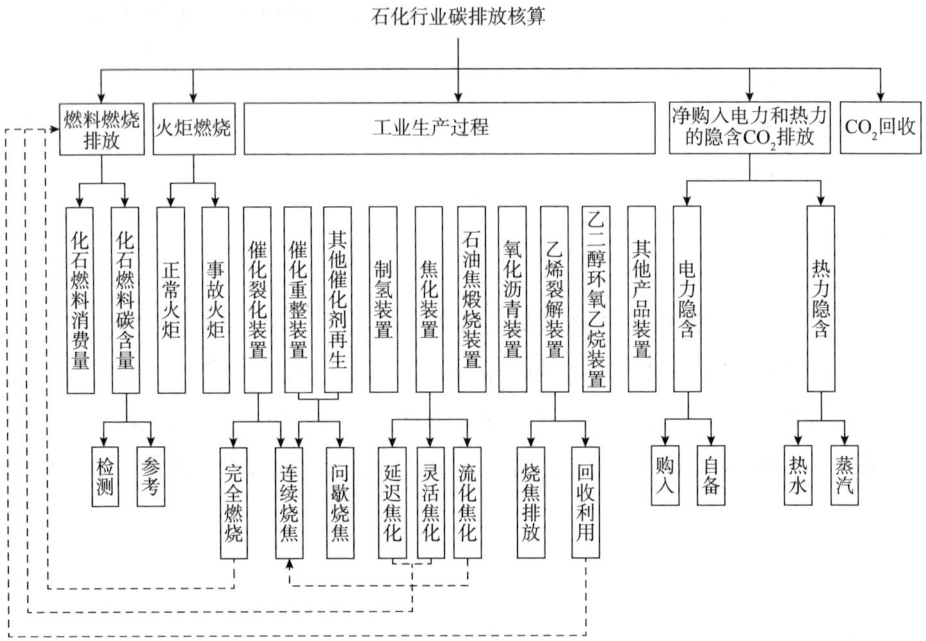

图 2-14 石化企业温室气体排放核算方法示意图

2.2.5 配额核算方法

根据《2019—2020年全国碳排放权交易配额总量设定与分配实施方案（发电行业）》，全国发电企业（含自备电厂）的配额计算方法为基准线法，纳入配额管理的机组包括300MW等级以上常规燃煤机组、300MW等级以下常规燃煤机组、非常规燃煤机组以及燃气机组，而生物质发电机组、掺烧发电机组、特殊燃料发电机组、使用自产资源发电机组（尾气、废气）以及其他特殊发电机组目前并不计入配额核算中。

2023年生态环境部发布的《2021、2022年度全国碳排放权交易配额总量设定与分配实施方案（发电行业）》（以下简称《配额分配方案》），该方案相比此前在2022年11月发布的征求意见稿涉及多项优化调整。除了对配额分配基准值进行调整以外，考虑到2021、2022年新冠肺炎疫情影响及能源保供压力，缓解发电行业履约负担，《配额分配方案》在延续上一个履约周期对燃气机组和配额缺口较大企业实施履约豁免机制基础上，还新增了“借碳”机制和个性化纾困机制。

2024年7月2日，生态环境部发布了《2023、2024年度全国碳排放权交易发电行业配额总量和分配方案（征求意见稿）》（以下简称《方案》）及其编制说明。配额分配方案基本延续2021、2022年度配额分配方案的总体框架，总体思路不变，优化调整各类机组的发电、供热基准值，并引入配额结转政策。

配额计算方法见表2-6。

表 2-6　发电机组配额计算方法

燃煤	$A=A_e+A_h=Q_e\times B_e\times F_l\times F_r\times F_f\times B_h$		
燃气	$A=A_e+A_h=Q_e\times B_e\times F_r\times F_h\times B_h$		
A	机组总CO_2配额量，tCO_2	F_l	机组冷却方式修正系数
A_e	机组供电CO_2配额量，tCO_2	F_r	机组供热量修正系数
A_h	机组供热CO_2配额量，tCO_2	F_f	机组负荷系数修正系数
Q_e	机组供电量，MW·h	Q_h	机组供热量，GJ
B_e	机组所属类别的供电基准值，tCO_2/（MW·h）	B_h	机组所属类别的供热基准值，tCO_2/GJ

其中，冷却方式修正系数、机组供热量修正系数以及机组负荷系数修正系

数需要企业根据《方案》中的要求计算填写。在配额计算方法中，影响企业配额最重要的参数为供电基准值和供热基准值，目前实施方案给出的基准值见表2-7。

表 2-7　全国碳市场供电基准值和供热基准值

机组类别范围	供电基准值B_e/ [tCO_2/（MW·h）]	供热基准值B_h/（tCO_2/GJ）
300MW等级以上常规燃煤机组	0.877	0.126
300MW等级及以下常规燃煤机组	0.979	0.126
燃煤矸石、水煤浆等非常规燃煤机组（含燃煤循环流化床机组）	1.146	0.126
燃气机组	0.392	0.059

2.2.6　国家核证自愿减排量政策概述

在碳排放权交易市场中有两类基础交易品，一类为排放配额，即政策制定者初始免费或有偿分配给企业的减排量，另外一类就是清洁发展机制（CDM）或核证自愿减排量（CCER），是通过实施项目减少温室气体排放而获得的减排凭证。1997年，在《联合国气候变化框架公约》的基础上形成了《京都协议书》，该协议书创新性地通过引入市场机制来解决“全球气候”问题，提出了国际排放贸易（IET），联合履约（JI）和CDM三种补充性碳交易市场机制。

清洁发展机制允许联合国气候变化框架公约所列的发达国家在发展中国家投资实施温室气（GHG）减排项目，并据此获得所产生的经核证的减排量（CER），以便帮助其遵守他们在议定书中所承担的约束性GHG减排义务。清洁发展机制在我国的发展主要有两个阶段。第一阶段从2002年至2011年，中国逐步参与国际CDM项目。截至2011年，中国已批准CDM项目3105个，从已批准CDM项目的减排类型构成来看，新能源和可再生能源类CDM项目占比最大，占71.63%，其次是节能和提高能效类。从已批准CDM项目估计年减排量的减排类型构成来看，新能源和可再生能源类CDM项目估计年减排量最大，占50.91%，最后是节能和提高能效类，占15.28%。

第二阶段从2011年至今，我国逐步推广中国温室气体自愿减排交易（CCER）项目。2012年之前，我国企业主要通过CDM参与国际碳市场。但是，随着欧洲经济低迷以及京都协议书第一阶段的结束，二级市场核证减排量价格不断下跌，CDM项目发展受阻。在此情况下，我国于2012年开始筹建国内自愿减排碳交易市场，其产品被命名为中国核证自愿减排量（CCER）。2012年6月，为实现2020年我国单位国内生产总值二氧化碳排放下降的目标，调动社会自觉参与碳减排活动的积极性，发挥碳交易市场作用，发展改革委印发了《温室气体自愿减排交易管理暂行办法》的通知，在全国推广温室气体自愿减排交易项目。CCER单位以"吨二氧化碳当量（tCO_2e）"计，指对我国境内可再生能源、林业碳汇、甲烷利用等项目的减排效果精选量化核证，并在碳交易所注册登记的核证自愿减排量。在排放企业履约期内，存在配额缺口的企业可以通过购买其他企业的CCER或通过采用新能源等方式自愿减排以抵消配额缺口。因此，CCER不仅可以抵消企业部分配额缺口，降低企业履约成本，同时也能给企业产生一定收益，促进企业转向绿色低碳化发展。

国家对温室气体自愿减排交易采取备案管理，参与自愿减排交易的项目和项目产生的减排量均在国家主管部门备案和登记，并在经国家主管部门备案的交易机构内交易。在重点排放单位进行的与CCER相关的操作中，最常用的实践包括直接购买CCER用于抵消配额或者进行配额和CCER的置换操作。截至2017年3月，累计公示CCER审定项目2852个，项目备案的网站记录861个；减排量备案的网站记录254个，实际减排量备案项目为234个。就公示项目类型而言，以可再生能源居多，共计2032个，占公示项目总数的71%，其中：风电947个、光伏833个、水电134个、生物质能112个、地热6个。其次是避免甲烷排放类项目，共计406个，占公示项目总数的14%；再次是废物处置类项目，共计180个，占公示项目总数的6%，截至2020年末，CCER累计成交量为2.68亿t。

通过表2-8的对比可以发现，CCER对于项目时间、主体等限制条件更为宽松，开发流程复杂程度与相关成本相对更低，但在对小微项目的支持等方面相较CDM仍有完善空间。CDM项目在满足一定条件的基础上可转为CCER。

表 2-8　CDM 与 CCER 项目对比

项目	CDM	CCER
应用市场	国际市场	中国市场
时间范围	开工6个月内	2005年2月16日开工后
投资资质	外国投资者在中国CDM项目不得占有多数股权	无外资条件限制
开发流程	签发机构为清洁发展机制执行理事会，此外CDM双边项目涉及减排国家认定，在项目审定的同时需要获得各国主管部门的批准函	由生态环境部应对气候变化司签发
项目分类	CDM项目分为两类：传统项目和扩展规划类项目，其中后者流程简化、费用有减免，有利于小微项目	几乎全部采纳了CDM中的扩展规划类项目，但大型项目与小微型项目流程无区别
开发成本	CDM比CCER多两个方面的费用，一个是在清洁发展机制执行理事会注册的费用，另一个是在项目所属国家缴纳的管理费用。由于CDM项目需要国际沟通和信息认定，因此CDM实际开发时各环节相对成本较高	

随着欧洲碳交易市场对于核证减排量需求下降、核证签发供给过剩等问题出现，获得签发的中国CDM项目急剧减少，2017年之后中国停止CDM项目注册。与此同时，虽然各个地方碳排放权交易市场总体平稳运行，但部分地方市场配套制度建设仍不尽完善，可以用于抵消的CCER使用并不尽如人意。截至2017年初，七个地方市场配额发放总量约为12亿t。在2016年履约期，用于抵消的CCER数量不到800万t，占配额总量的比例约为0.67%，远远低于各地试点抵消管理办法中规定的比例（5%~10%）。这主要有以下两个原因：①部分试点市场针对项目类型、减排量产生时间、项目所在区域、抵消比例等因素做出了不同规定，造成无法满足使用条件；②部分试点的CCER政策管理办法缺乏连续性，政策变化较大，降低了CCER项目的吸引力。2017年3月，发展改革委发布了公告暂停温室气体自愿减排项目备案申请的受理。与此同时，发展改革委将原有的《温室气体自愿减排交易管理暂行办法》相关条款进行了修订。广东、上海两个试点碳市场都出现了因为抵消机制设置过于宽松使得大量CCER进入市场中，导致地方碳市场需求严重下降、企业富余配额积存严重的情况。欧盟碳市场的发展历程中，也有因为有过多抵消比例的核证减排量而让市场价格低迷的阶段，而在第四阶段（2021—2030年）中，欧盟碳市场取消了减排量抵消机制。

自2017年3月CCER项目暂停审批后，已经于2024年1月22日正式重启。除了机构设置、项目要求等一些细节上的不同外，此次启动的CCER还顺应了国家

“放管服”大方向，整体审批流程和管理模式都有所改变。之前CCER项目由发展改革委负责备案方法学，企业提交项目设计文件，并由第三方机构出具审定或核证报告，最后再由发展改革委进行项目备案和减排量登记备案。而在新的机制下，政府部门更注重市场管理，方法学的发布和制定也由政府部门管理。同时，强化了项目业主和第三方机构的责任。目前在CCER方法学方面，生态环境部只制定发布了造林碳汇、并网光热发电、并网海上风力发电、红树林营造4项温室气体自愿减排项目方法学。

第三章

碳交易市场的理论基础

PART 3

碳市场交易的对象是碳排放权。为了完成承诺的减排目标，政府主导排放权的供给并按照既定的规则对其进行分配。理论上碳市场在具体实施过程中能够实质性地发挥减排作用，优化资源配置，并促进先进减排技术的研发和应用，但是在实践中，其实际政策工具效应受到诸多客观因素的影响。因此，政策制定者必须针对碳市场进行充分的顶层设计，其中涉及的核心部分包括法律框架、设置总量目标、覆盖范围、分配机制、交易机制、MRV规则等。

3.1 碳交易市场的经济学理论

3.1.1 公共物品理论

公共物品理论最早于1954年由保罗·萨缪尔森提出。他将社会中的物品（服务）分成“私人物品”和“公共物品”。与“私人物品”相比，“公共物品”具备需求的非竞争性、收益效用的非排他性。需求的非竞争性是指任何主体对“公共产品”的需求不会影响到其他主体的需求，包括需求的数量和需求的质量。收益效用的非排他性是指任何主体消费“公共物品”所获得的收益效用不影响其他主体从中获得相应的收益效用。众多“公共物品”是由政府部门或者自然界提供的，使得其被社会中的经济实体或者个人不可避免地过度开发利用，从而形成了所谓的“公地悲剧”。

我们赖以生存的大气便是最典型的“公共物品”。气候环境问题的治理需要世界各国共同协作，然而由于国家间在经济发展水平、利益诉求和政治目的等方面存在巨大差异性，在过往的气候谈判和协议签署过程中，各国博弈的核心问题均是围绕责任和利益的划分。

3.1.2 外部性理论

外部性理论源于由马歇尔在其1890年出版的《经济学原理》中首先提出来的

“外部经济”概念。外部性又可称为外部效应或者溢出效应。外部性概念被学界认为是经济学中最难以界定的概念之一。不同学者给出了不同的定义，主要有以下两种不同的角度：外部性的施加者和外部性的接受者。无论如何，外部性本质表现为某一经济体行为对其他经济体产生的一种外部影响。外部性分为正外部性和负外部性。正外部性是指经济主体的行为使得其他社会主体能从中获益，而获益主体并未为此付出额外的成本的情形。负外部性则是指经济主体的行为损害了其他经济主体的权益并对此未作补偿的情形。

有三位经济学家对外部性理论作出了巨大的贡献，分别是马歇尔、庇古和科斯。马歇尔是“外部经济”概念的提出者，他的学生庇古则提出了边际经济的思想，通过边际私人部门效益和边际社会部门效益的背离对外部性进行了更加深入的解释。当边际私人部门效益和边际社会部门效益不一致时，庇古主张通过政府适当的政策干预解决这种背离从而实现外部性的内部化。换言之，当边际私人部门成本低于边际社会部门成本时，政府须向私人适当征税来实现均衡；反之，政府则需要以施行补贴的方式达成最终的均衡。诺贝尔经济学奖获得者科斯从新的视角研究了外部性问题：他认为只要交易成本为0，经济中的外部性问题是可以通过交易的方式来解决的，因此并不需要征收庇古税（根据污染所造成的危害程度对排污者征税，用税收来弥补排污者生产的私人成本和社会成本之间的差距，使两者相等）。

根据《环境经济理论和政策设计（第二版）》（威廉·鲍莫尔等著）中的阐述，当某个经济主体（设为A）的效用或生产函数包括了一些实际（即非货币的）变量，其取值由忽略对A的福利影响的其他主体（个人、企业、政府）决定时，外部效应就出现了。

威廉等认为不应该把外部效应的定义误解为仅仅等同于经济主体之间的相互依赖关系。当“我”依靠农民为“我”提供粮食时，在此之间不一定存在外部效应，因为农民既不能决定“我”消费多少食物，也不能把“我”的消费量直接加入他们的效用函数中。还应该注意的是，定义不包括某个人故意影响A的福利的情况。

一种关系必须满足第二项条件才能视为一种外部效应：其活动影响他人效用水平或进入他人生产函数的经济主体，如果没有以补偿的形式为其活动获得（支付）等于对他人造成的效益（或费用）的价值量，就会产生外部效应。

（1）公共外部效应（Public externalities）

巴特在他的经典论文《对市场失灵的剖析》中指出，许多外部效应都带有公共物品的特征。如果一个城市的空气受到污染，整个地区的所有居民都将受到损害而不仅仅是某个人，那么很明显，空气污染是一种“有害的”公共物品。同样地，所有经过的人都能观赏到的花园里的风景，则是一种有益的公共物品。这就产生了一种外部效应，因为它让花园的所有参观者得到享受（至少在不超过足以造成拥挤的受益者数量范围内）。现在，人们都认识到当涉及有益的（或有害的）公共物品时，普通的价格机制已不能有效发挥作用。问题的基本来源是公共物品具有“不可减少”的性质，即某个人增加对物品的消费不会减少其他人的有效消费。“我”呼吸被污染的城市空气不可能改变其他人所吸入的空气质量。同样地，“我”对当地花园的观赏，不会降低其他旁观者的乐趣（假设不存在发生拥挤的情况）。在经济学中，对公共物品进行收费是无效率的，因为任何个人对公共物品的消费不会影响其他人的满意水平。一个正的价格会抑制个人消费，因而降低他或她的满意度。

（2）私人外部效应（Private externalities）

在“私人外部效应”方面，例如，“二战”后发生了一次严重的燃料短缺，据报道，在欧洲燃料短缺严重的地区，有很多人花费大量时间沿着铁路寻找从过往火车上散落的煤。显然，这是一种可减少的外部效应，因为某个人多找到一点煤，其他人就会少得到一点。

经济主体在正常的经济活动中，需要向大气中直接或间接排放温室气体，而随着温室气体的不断积累逐渐产生了环境危害，因此温室气体排放属于典型的负外部性。这时就需要向直接或者间接导致排放的经济主体征收额外的费用，以抑制排放主体毫无顾忌的排放行为，这就是碳排放权交易市场机制核心的经济学理论基础。

3.1.3 比较优势理论

比较优势理论是由大卫·李嘉图在其代表作《政治经济学及赋税原理》中提出的。该理论认为国家间不同产品的劳动生产率会有明显差异，每个国家应该集中资源生产并出口具备比较优势的产品，并从别国进口自身不具备比较优势的产品，两国在双方的贸易活动中，提高了各自的效益。我国整体经济体量大，产业链结构相对完整，同时不同省区、不同行业生产成本和边际生产成本差异明显。如果将碳排放权视作生产要素之一，那么可用单要素或全要素碳生产率来衡量不同省区和不同行业的要素生产率的差异性。碳要素生产率的差异性实际反映出各经济主体减排成本和边际减排成本的不同，这构成了我国建设碳交易体系的自然条件。

3.2 可转让排污许可证制度

3.2.1 理论背景

经济学家们在19世纪60年代研究排污费的案例时，多伦多大学的政治学者戴尔斯提出了一项建议：作为排污收费系统的替代物，可以引入一种可转让产权体系来管理环境质量。戴尔斯认为，从根本上讲，产权应该定义为环境资源，并且是用来出售给出价最高的购买者的。例如，环境管理部门可以为限定空气污染物或者水污染物制定一个限额许可证，然后这些许可证通过拍卖等形式可以自由交易。

显然，这样的一个系统可以用来实现特定的环境目标，并且像排污收费制度那样，可以以最小成本来实现这一目标。简言之，政策制定者可以通过限制许可证的数量来直接将排污量控制在目标水平上。随着这个许可证市场的发展，市场出清价格就出现了，它会向排污者表明排污的机会成本。既然所有的资源都将面临像许可证那样的市场出清价格，追求成本最小化的行为就产生了，因为所有资源的边际递减成本都是相同的。

尽管排污收费制度与可转让排污许可证制度都有可能以成本最小化实现一套环境标准，但从一个环境管理机构的角度来看，它们并不是等价的政策工具。可转让排污许可证制度比排污收费制度的优势具体体现在：

第一，在于它可以保证减少不确定性，并确保获得必要的调整成本来实现法律所要求的环境质量水平。政策制定者不可能完全确定排污者对专项的大量排污收费的反应到底如何，如果收费标准定得太低了，就可能达不到预期的环境标准。那么这时收费标准不得不提高，然后又不断地调整，经过一个反复迭代的过程，最终达到环境标准所规定的排污量水平。这意味着排污者为了达到既定的排污量水平及减少污染所需要的技术水平，他们不得不付出昂贵的调整和再调整成本。收费标准需要反复调整，这对于政策制定者而言也是额外的成本。相反，在排污许可证制度下，政策制定者在允许的标准内直接制定排放污染物的总量。

第二，是源于经济增长与通货膨胀的复杂关系。持续的通货膨胀将侵蚀排污费的真实价值，同样，生产企业的生产扩张将增加对排污量的总需求。如果要维持一定的环境标准，这两种因素都要求收费标准周期性地增加。在收费系统下就必须进行周期性的校正工作，要么是提高排污费，要么是降低环境标准。而在许可证制度下，市场力量会自动地适应通货膨胀和经济增长而做出调整，同时污染没有增加。对许可证的需求量的上升无论是实际的还是名义的，只要简单地、直接地提高许可证的转让价格就行了。

第三，收费制度的引入可能会引起排污者庞大的成本支出的增加。这似乎又和一个被普遍接受的原理相矛盾，即价格诱导机制预示着总控制成本的巨大节约。但实际上，这两者并不是矛盾的。虽然排污收费制度将减少总控制成本，但是它将强加给企业新的税收负担。从社会的角度来看，这些税收代表了一种转付款项，但它们对企业来说是一种经营成本，而往往这项成本的支出是巨大的。可转让排污许可证制度利用拍卖作为获取这种权利的最初方式，但也具有同样的问题，因为排污者面临排污许可权的昂贵价格。不过，有一种方法可以绕过这个问题：通过在现有的排污者之间免费进行排污许可证的初次分配。对许可证制度的这种看法，使现有企业在不需要为环保计划的效率问题承担负面效果的同时又在自身的政治可接受性方面获得了明显而且重要的优势，有效地削减了额外增加的成本。

第四，由于排污企业所在地区不同，征收同样的排污费也存在着不公平的问题。事实上，关于几种重要的大气和水的污染物，各种研究都显示要想环境标准以一种有效成本的方式得以实现，根据各个排污者的地理位置来区别对待是必须的。一个是空气向外流动而又有严重污染的地方，一个是污染程度不是很严重的地方，两地的排污企业以1：1的比率交换它们的排污量，这显然不公平。而在收费制度下处理这样一个跨地域的问题在行政管理层面十分麻烦。相比之下，可转让排污许可证制度能够以一种有较少异议的方式来处理污染的空间尺度问题。

第五，从可操作性的角度来说，可转让排污许可证制度可能是一种更可行的方法。排污费制度需要采用一种全新的控制污染的方法，这无论对于政策制定者还是企业而言都需要面临新的制度。而对于可转让排污许可证制度而言，当许可证已经存在时，让它们有效地转让则相对简单得多。

3.2.2 政策设计

假设一个空气域或者水域，域里共有m个污染源，每一个污染源的地理位置都是固定的，环境质量（空气或水）用污染物含量（n个污染物的含量）定义，则可以用一个向量$\boldsymbol{Q}=(q_1, q_2, ..., q_n)$来表示，向量中的元素表示每一个污染物的含量。$m$个污染源中污染物排放量的扩散用单位扩散系数的$m \times n$矩阵来表示。

$$D = \begin{pmatrix} \cdots & \cdots & \cdots \\ \cdots & d_{ij} & \cdots \\ \cdots & \cdots & \cdots \end{pmatrix}$$

在这个矩阵里，元素d_{ij}表示污染源i的1单位排放物对地点j的污染物含量的影响。环境控制的目标是使得这个地区的污染物含量达到预先制定的水平，把这些标准表示为$Q^*=(q_1^*, q_2^*,..., q_n^*)$。需要注意的是，这个标准并不需要每个接受点都是一样的，可以规定一个最低含量作为污染严重地区的控制目标。

这样，问题就变成了在一个最小的总消除成本的基础上达到一组预定水平的污染物含量向量。换言之，要从m个污染源中寻找一个向量，即$\boldsymbol{E}=(e_1, e_2,..., e_n)$，要使总消除成本在满足约束条件——这个地区$n$个地点预先制定的标准都能达到的前提下实现最小化。第i个污染源的消除成本是它的排污量的函数$c_i(e_i)$，于是问题的规范表述就是：

目标函数取最小值：$\sum c_i(e_i)$；

约束条件：$ED \leqslant Q^*$，$E \geqslant 0$。

有两种具体的可转让许可证制度，分别是环境许可证制度（APS）和排污许可证制度（EPS）。

（1）环境许可证制度

首先，政策制定者可以简单地在每个地点发放排污限额为q_j^*的许可证，这些许可证代表在地点j可允许的污染物含量。这样，就会很有效地创造一个相对于每个接受点的独立市场，为了调整它的排污量，每个污染源也会不得不达成一个来自不同地点的排污许可证组合。更具体地说，污染源i必须从市场j获得排污量为$e_i d_{ij}$的许可证。这种许可证市场的形式就是环境许可证制度。这里的许可证不是指污染源的排污量，而是指某个特定地点排污量对污染程度的影响。这种政策暗含着排污权一般不会一对一地进行彼此交换，在某个特定接受点，单位排污量污染较严重的排污者将不得不向单位排污量污染较轻的排污者购进同等比例的排污权。

（2）排污许可证制度

在这个制度下，管理部门要将这个地区划分成不同的地带，每个地带的排污者可以在一对一的基础上进行排污权交易。EPS制度在简化排污者之间的交易方面具有很明显的吸引力。对于APS而言，如果排污者都是成本最小化的追求者，从前面成本最小化公式中计算得出的排污量向量和影子价格都同样满足这些条件，就像排污量向量和许可证价格在许可证市场上为达到竞争性均衡所应满足的条件那样。简言之，如果政策制定者针对每个接受点只是简单地发放数额为q_j^*的许可证（根据污染物含量来确定），那么对这些许可证的竞争性投标就会产生一个均衡的解决方案，并且满足总消除成本最小化的所有条件。

（3）APS和EPS的优缺点

总的来说，APS 制度可以实现成本最小化的产出量。这种许可证市场形式有两个特点：第一，它对于政策制定者而言更加简单，特别是政策制定者不需要有关消除成本方面的任何信息，他们只要简单地在每个接受点发放预先定好数额的许可证，剩下的问题就可以由竞争性投标来解决。政策制定者也可以将这些许可证在现有的排污者之间进行初次分配，在竞争机制作用下，随后的交易会自动地通向成本最小化解决方案，即成本最小化产出量并不依赖于许可权最初是如何分配的。但是APS也有很大的缺陷，要阻止排放污染物的地方性“热点”的产生，需要大量比较好的接受点，也就是需要大量有相当高的交易成本的接受点市场。而且，由于每个接受点都和一个个体许可证市场相联系，接受点就会倾向于制度化。接受点向适应新的污染模式的转化过程可能产生混乱：它会改变许可证市场的结构，有可能产生很难解决的管理和法律方面的问题。

EPS则可以大大简化排污企业的工作。不需要对来自不同接受市场的许可证进行必要的组合，排污权可以一对一地进行交易。不过，EPS 制度一般不会达到成本最小化，它需要政策制定者来对总体方案进行近似估计。简单地说，每年排污企业的排污价格不会精确地与它们遵守污染约束条件下的影子价格相一致。如果每个地区的排污扩散特性差别不大，EPS制度的这种缺陷就不会很严重。同时，排污对环境的影响并不是唯一地取决于排污者的地理位置，例如对所有的排污者来说，污染效果还取决于烟囱高度、烟囱直径、空气温度以及排出时的速度等因素。EPS要保证在排污权一对一交易方面的简单性就不可能事先考虑这些因素，二者不可兼得。在EPS制度下，政策制定者面临的是一个动态的问题，需要对每一个地区的许可证供应量进行定期的调整。

3.2.3 从可转让排污许可证到排污权交易

在1995年的日本UNFCCC峰会上，排放权交易首次被认为是解决环境污染问题的有效手段。碳排放权交易是指某一空间区域，在污染物排放总量下制造污染物的企业之间不超过自然环境的自身承载能力。通过市场交易调整排放量，以实现效率，减少排放，改善环境。美国是最早处理排放权交易的国家，根据美国实践经验，排污权交易理论被用于大气污染治理、水污染治理和二氧化硫排放总量控制等方面，已经取得了巨大的成功，创造了经济效益，也获得了社会效益。

碳排放权交易是科斯定理成功应用于企业实际外部性的内在化。其实质是政府环境管理部门根据经济总量发展和区域环境制定污染物排放总量，然后通过科学的分配方式分配给制造污染物的企业，企业获得的排放权再通过市场交易让各个企业根据自身情况买卖排放权。排放权交易是环境作为资源商品化的一种表现形式。同时刺激企业不断改进、创新，降低污染物排放量，否则将在排污权交易市场付出更大的成本来购买生产所需的排放权。

排污权交易既可以保障环境质量，又可以降低成本，是庇古税或者排污收费制度所不能比拟的。在排污权交易制度体系中，政府环境管理部门不需要进行过多的控制工作，只是根据实地情况确定每个区域的排放总量以及每个排污单位所分配到的排放权数量，然后建立合理机制和高效自由流转的市场，这样做就可以将环境治理问题转化为每一个企业的内在需求，激发个体积极性，从而更好地保护环境。

3.3 碳交易市场的影响因素

3.3.1 环境效应

碳交易市场的最核心目标是利用市场机制实现减排效果。因此，在制定碳市场政策试点时首要考虑因素就是碳交易系统的减排空间。如下几方面事实将决定是否将该部门纳入碳交易市场的控排范围：

①该部门历史和未来（估计）排放的总量；

②该部门企业对价格信号的敏感程度；

③是否可能会导致碳泄漏情况的出现。

高排放或排放增速快的行业一般具备较大的减排潜力。其中有些行业存在短期减排可实现性和长期减排可实施性之间的矛盾，需要通过不断进行减排技术研发和持续管制才能解决此矛盾。其次，部门对价格信号的敏感程度实际上反映了该部门自身的减排能力。从生产角度看，如果该部门的边际减排成本小于碳市场的价格，价格信号将激励该部门积极投资减排技术或者减排项目，以实现利益最大化，那么此类部门应该纳入碳交易市场的覆盖范围。从需求角度看，如果某一部门所生产的产品需求是富有价格弹性的，那么随着部门将碳成本转嫁给下游，导致需求下降进而产生了由于减产带来的碳减排（被动碳减排），那么这类部门也应该被纳入碳交易市场的覆盖范围内。最后，如果碳交易市场的覆盖部门和非覆盖部门所生产的产品之间是富有替代弹性的，这就产生了部门之间的碳泄漏情形，这时就需要采取一些措施避免碳泄漏的发生。

3.3.2 碳泄漏及其影响

碳泄漏是指一个国家采用较严格的气候政策而减少排放量，导致另一个国家的温室气体排放量增加的情况。如果一个国家采取二氧化碳减排措施，该国国内一些产品生产（尤其是高耗能产品）可能转移到其他未采取二氧化碳减排措施的国家。参加碳排放权交易的国家减少的碳排放，将会被无约束国家在高于他们碳排放基准上的排放而补偿，由此产生的后果为单个国家达到了排放目标，但全球的碳排放总量却可能增加。碳泄漏可以被认为是跨国界的外部性问题，其成为发达国家要求对发展中国家征收碳关税以及其他边境调节措施的重要依据。

碳泄漏产生的原因根本在于不同国家的碳排放成本差异。如果某国的排放政策增加了当地成本，那么另一个政策较宽松的国家可能会具有贸易优势。在对生产的商品的需求保持不变的情况下，生产可能会转移到价格较低、标准较低的国家（境外生产），最终全球排放量并未减少。如果某一国家的环境政策对某些燃料或商品加收附加费，则其需求可能会下降，进而使价格下降。不对这些商品征收附加费的国家就可能会从相同的卖家那里购买多出的供给，从而无法产生任何环境效益。

碳泄漏将对全球的碳减排产生危害，同时区域间碳泄漏给各国碳市场减排效果带来了不确定性。一方面，配额宽松的地区将在市场中拥有更多的话语权，丧失进一步减排的动力；另一方面，配额稀缺地区的配额公平性受损，企业不再根据市场规律来决策配额买卖，给市场内总体减排效果带来了不确定性，减排的经济性也难以得到保证。行业间碳泄漏阻滞了碳市场外企业的正常减排进程。行业之间的碳泄漏，在建材、钢铁、有色金属和造纸等能源密集型行业被纳入碳市场之前，可能会削弱其低碳化改造的动力，甚至增加其碳排放。

3.3.3 碳边境调节机制

为了防止碳泄漏，欧盟提出了碳边境调节机制（Carbon Border Adjustment Mechanism，CBAM），已于2023年5月17日正式生效。从2023年10月1日起，CBAM将进入实施过渡期，出口到欧盟的相关产品需要报告其生产过程中的碳排放量（无须为碳排放量支付费用）。为期27个月的过渡期结束后，从2026年1月1日开始，相关产品出口到欧盟时才需要为碳排放量支付费用，即俗称的“碳关税”。

CBAM的主要功能在于解决碳泄漏风险不断升高的问题。在欧盟为减少碳排放而逐步收紧直至取消各产业免费碳排放配额的过程中，企业碳成本将随之提升，高碳产品价格也会升高，从而导致企业选择从欧盟外部进口高碳产品或将高碳产品的生产线转移至欧盟以外碳排放要求尚未建立或者较低的国家和地区（即造成碳泄漏）。如此一来，将导致欧盟国家在减少国内碳排放的同时，进口商品的碳排放量却在增加，这些本来应该在其他国家被控制的碳排放转移到欧盟国家，抵消了欧盟为温室气体减排做出的努力。而CBAM则通过对进口高碳产品征税的方式，均衡欧盟内外高碳产品的用碳成本，目的为减少碳泄漏的发生。此外，欧盟内企业用碳成本提升将导致企业所生产产品的竞争力有所下降。因此，CBAM事实上也存在防止欧盟成员国产业竞争力下降的作用。CBAM将分为以下三个阶段进行，见表3-1。

表 3-1　CBAM 的三个阶段

阶段	实施时间	实施内容
试点阶段	2023—2025年	从欧盟外部进口CBAM覆盖领域的高碳产品进口商，只有申报义务，需要申报进口产品的数量以及相应的总直接排放量，无须缴纳任何费用
第二阶段	2026—2034年	该阶段开始全面实施CBAM机制，进口商必须于每年5月31日前申报上一年进口到欧盟的货物数量，以及其中含有的总碳排放量（在产品原产国已实际支付碳价的可以扣除），并购买对应数量的CBAM证书用于清缴
第三阶段	2035年后	欧盟2035年将完全取消CBAM所覆盖高碳产品的免费配额，此阶段进口企业无法用免费配额抵扣碳排放量

根据CBAM草案，欧盟将碳排放分为三种范围（Scope），分别为：

范围一：直接碳排放（Direct Emissions），即企业自身在生产制造过程中直接产生的温室气体排放，如生产过程中产生的二氧化碳排放，为生产使用的燃料的排放等；

范围二：间接碳排放（Indirect Emissions），即来自外购的电力、供暖、蒸汽等所包含的碳排放，因碳排放并不发生在企业范围内，因此属于间接碳排放；

范围三：完整碳足迹（Full Carbon Footprint），包括与原材料开采有关的所有温室气体排放，生产产品所需的材料和部件的所有排放，生产过程造成的排放，包括提供必要的能源，从原材料和中间产品运输到生产过程现场和产品运输到消费者的排放，在使用阶段引起的排放，以及与产品的处置/报废阶段有关的排放。

根据CBAM议案，欧盟将进口的产品区分为简单产品（Simple Goods）和复杂产品（Complex Goods），并赋予不同的计算公式，具体如下：

简单产品：即生产制造过程中仅需要使用隐含碳排放量（Specific Embedded Emissions）为零的材料和燃料的产品。例如，直接以自然界中材料进行加工的产品。简单产品的碳排放量即为其生产过程中的直接碳排放总量。

复杂产品：生产制造过程中需要投入简单产品进行制造的产品，也就是使用简单产品进行再加工。一般常见的产品多属于复杂产品。复杂产品的碳排放量为生产过程中的直接碳排放量加所使用的简单产品所隐含的直接碳排放量。

3.3.4 碳市场的成本效应

政策制定者在设计碳市场的政策细则时需要考虑其对于全社会经济的影响，即对宏观经济的影响（宏观经济成本）。需要综合考虑本国或本地区经济发展方式，产业结构特征和居民的消费模式等因素，采用不同路径的方法学估算引入碳市场所致全社会福利的变化。

除了宏观成本之外，还有微观成本——监管机构、控排主体和交易参与者需承担的相应成本也需要关注。在微观成本的构成中，监管机构成本包括监管体系的建设和维护成本，人力资源成本等；控排主体的成本主要由排放量定期测算和报告成本、履约成本等组成；市场交易者的成本一般是指从开户、交易、过户及清算等过程所需要支付的成本。

一般而言，覆盖范围较小的碳市场，市场参与各方所需要承担的微观成本也会相对较低。但是覆盖范围较小的碳市场，需要面对流动性较差的问题，碳市场可能无法发挥较好的市场调节作用；但是如果碳市场的覆盖范围较大，不可避免地会产生成本的提高，同时也会给监管体系带来一定程度的困难，并导致监管难度和监管成本的增加。

3.3.5 碳市场的公平性

碳市场的公平性主要体现在两个方面，分别是政治上的公平性和经济上的公平性。如果一个碳市场只覆盖了部分行业，那么无论是该行业的上下游，还是与之平行的其他行业，必然会有与之相关联的行业并未被碳市场所覆盖，这就导致了从行业角度产生了不公平性，进而可能产生政策覆盖范围的政治不公平性问题。

在经济不公平性方面，由于碳市场机制的运行会对覆盖行业的利润和竞争力产生影响，如果覆盖企业能够将碳市场成本传导至下游企业或者终端消费者，那么经济不公平性可能较弱；反之企业会受到碳市场带来的成本冲击，导致较强的经济不公平性。

3.4 碳交易市场的连接

随着碳市场在世界范围内的普及，政策制定者和研究人员开始关注区域和全球的碳市场连接方案，模拟分析实现连接的减排效果、能源影响以及经济后果。虽然研究表明，区域间碳市场的连接有助于降低交易成本、提升市场活力、增加市场稳定性和提高整体经济福利，但碳市场连接在实际操作上存在政治障碍和技术限制，是一个复杂且有争议的问题。一方面，由于区域间的减排目标、减排能力和减排成本皆存在差异，碳市场连接将通过均衡碳价的变化对各国的经济发展和行业竞争力产生非对称性影响，进而影响国际贸易格局与国家福利变化；另一方面，实现连接需要协调不同碳市场间的设计，包括总量设定方法、配额分配方式、价格调控机制、覆盖范围等技术要素，以及MRV机制、信用抵销、注册登记系统、履约机制、市场管理等配套管理机制，以实现碳市场间的兼容性。

3.4.1 碳交易市场连接方式

在连接方法上，Jaffe和Stavins等提出了三种碳市场连接方式：国家排放交易系统与地方区域交易系统的连接，世界不同排放交易系统之间的连接以及广义上排放交易系统与其他国家气候政策的连接。Jaffe和Stavins等将连接方式分为直接连接和间接连接。

排放权交易体系间的直接连接可以采取很多种形式。为了实现国内的减排承诺，一个排放权交易体系允许其管辖范围的交易实体使用另一交易体系的排放配额，就构成了最简单的单方面连接。假设两个交易体系A和B，如果排放权交易体系B的配额价格低于A，A会选择与B建立连接，从B处购买排放配额，直到A、B两个体系的价格相等，从而实现净成本节约；如果B处的价格高于A处，那么A处失去从B处购买配额的动力，无法实现连接。直接连接允许两个或所有排放交易体系内的参与实体，根据国内具体的减排义务，从其他交易体系购买排放配额。连接也可以是双边或多边的，不同排放体系之间配额的免费流动会导致配额价格均等化，各交易体系会通过市场交易，努力实现成本有效的配额分配模式。

价格管理机制的连接是碳市场连接的基本内容，信息不对称、交易成本、外部冲击与政治问题都会导致碳市场的价格波动。Fankhauser和Hepburn认为由政策设计不当带来的价格波动是不必要的，应当通过适当的政策设计与管制来最小化价格波动。

3.4.2 碳交易市场连接的影响因素

从世界主要碳排放权交易市场的发展历程来看，愿意进行碳排放权交易市场连接的国家通常认为，虽然建立市场连接会受到经济、政治和战略等因素的影响，但其预期的经济和政治利益会超过预期的成本。Flachsland（2009）认为，尽管碳交易市场连接旨在以最低的成本实现既定的减排水平，但是选择与哪一个排放交易体系进行连接至关重要，通常要考虑伙伴国家的地理相近度、经济效应和净福利等一系列变量。

（1）地缘相近程度

碳排放交易体系的连接与贸易协议的达成有很多类似之处。两者都指一个或两个国家从另外一个国家接受配额或产品的义务；都包含了不同参与主体之间的分散交易；都是不同伙伴国各自发挥比较优势，通过自由交易获得净福利并获益。不同之处在于，碳配额作为连接市场中的交易产品，其内在价值由排放限额的稀缺性决定，而对于传统商品来说，各国可以通过操控货币来改变其名义价值。"贸易引力模型"认为，贸易协议更多地发生在地理位置相对接近的国家之间，两个国家的贸易水平是两个市场供给、需求、地理距离的函数，地理位置非常重要，与运输成本和市场信息密切相关。彼此接近的地区可能有类似的环境目标和经济条件，有长期建立双边约定的历史。

（2）经济效益

实现碳排放权交易市场连接最重要的原因是可以带来经济效益的增长。不同的交易体系，根据其边际减排成本的差异，对各自的减排任务进行重新分配。高边际成本的排放交易体系通过从其他体系购买相对廉价的配额，以较低的成本实现其减排目标；相反，低边际成本的体系通过以较高的价格卖出配额，实现收入增加。一国政府在做出是否进行碳排放权交易市场连接的决定时，通常会从国民福利、国内选民预期、政治利益等角度来考虑。如果政府将市场连接所节约的成本，用于规范高成本的排放交易体系内企业的减排行为，那么会改善这些企业的运作模式；而低成本排放交易体系内的企业希望配额以较高的价格出售。

现有的经验表明，连接市场内的交易实体并不是都能够从中获益，其净福利收益的大小取决于政治实力的强弱、是否获得政府的支持等。在双边可连接的碳市场中，配额价格较高的高减排成本企业从连接中获益，低减排成本的企业（配额销售者）在连接中受损，因为连接会降低其交易体系内的配额价格。同样，配额价格较低的高减排成本企业从连接中受损，低减排成本的企业从连接中获益。

（3）其他关键问题

总量目标的设定是碳市场连接中需要解决的关键问题。理论上，碳市场各方均可以基于国家和区域的政治需求、发展预期以及减排潜力设定自身的减排目标。然而，总量目标严格程度的差异会带来双方市场价格的差异，可能会带来较为显著的配额收益的转移，这可能会使得市场中一方难以接受。这样，减排目标的严格程度以及减排目标的类型可能都会对参与碳市场连接的各方、公众和消费者等产生不同程度的影响。

碳市场连接对产业竞争力的影响一定程度上取决于连接规模的大小。在碳交易市场连接过程中，连接的国家越多意味着参与连接碳市场的碳排放总量越大，从而使得碳排放进一步降低。受限制的连接会对碳市场的成本节约和产业竞争力带来不同的影响。在全球碳市场连接中，纳入发展中国家会让连接后的市场更有效率，然而发达国家为了保障自身产业竞争力尽可能少地遭受冲击，可能会设置配额交易的限制、CDM项目碳信用使用的限制以及价格限制等。在这种情况下，碳市场连接可能会带来适得其反的分配效应。

大量实证研究分析了连接后碳市场内部不同区域之间的总量目标对区域社会经济和产业发展的影响。以欧盟碳市场为例，如果欧盟和美国东北部市场连接，在美国东北部碳市场设置减排10%的总量目标情况下，欧盟碳市场的减排目标从20%变成40%时不仅会使得欧盟碳市场碳价格从42欧元/t激增至145欧元/t，欧盟也从主要的配额销售方变成配额购买方，对欧盟境内控排企业产生显著的分配效应。欧盟各成员国在欧盟内部的减排目标主要由欧盟各国责任分担协议所决定，但大量研究表明，以满足欧盟整体碳减排成本最小化为目标，内生出的各国减排目标显然能带来最优的减排效率。

3.4.3 碳交易市场连接的案例

（1）直接连接

当前国际市场上已经有很多国家建立或正在建立碳排放权交易市场的连接。澳大利亚从2014年7月开始接受EU-ETS的配额，实行排放权交易体系的单方面连接计划；美国区域性温室气体倡议（Regional Greenhouse Gas Initiative，RGGI）授权的立法中，规定当市场参与主体在RGGI配额价格超过规定的门槛价格时，可以从国外的排放权交易体系中购买配额，设定从2005年开始的初始价格是10美元，之后每年增长大约2%，但是，由于RGGI配额价格始终保持在门槛价格之下，这一单方面的连接从未执行过。

美国加利福尼亚州（加州）和加拿大魁北克省碳市场于2014年建立连接，在配额拍卖的范围和安排、价格下限、价格或供给调整机制等方面保持一致。2018年1月，加拿大安大略省加入了加州和魁北克省的连接，但于6个月后退出。加州和魁北克省对新的连接仍持开放态度。2020年1月，欧盟碳市场与瑞士碳市场正式连接。瑞士碳市场的设计与欧盟大体一致，但同时采取了独立的价格或供给调整机制并单独进行拍卖。

西部气候倡议（WCI）是美国与加拿大部分地区于2007年2月签订的联合气候协议，试图建立一个多行业、跨区域的综合性碳市场。但是，碳市场的跨区域连接本身存在较多困难，割裂的减排目标、不兼容的机制设计等都是阻碍碳市场连接的因素。目前，WCI参与地区中仅有加州碳市场与魁北克省碳市场仍维持连接（其他参与地区均已放弃），成为全球少见的跨境、跨区域碳市场合作的成功案例，其制度设计经验值得参考：第一，两个市场制度标准与交易平台的统一。加州与魁北克省碳市场在管理上彼此独立，但两者均严格按照WCI要求进行总量设定、配额分配与交易，使用相同的登记系统、拍卖平台，市场运作与管控也做到了信息共享。第二，两个市场实现了碳配额与碳汇跨区互认。加州与魁北克碳市场发放的碳配额和抵消证可在各市场间通用；且在此之前，各碳市场会审视其信息统计、执行规则、抵消处理等内容，以便其相互协调。第三，开展三方监测，推动公平合作。自2012年以来，WCI与Monitoring Analytics公司签订了三方监测合同，对加州和魁北克省相关的限额与交易项目进行多管辖监测，以防止碳泄漏等一系列问题。

（2）间接连接

在《京都议定书》的框架下，要求每个附件Ⅰ国家签发2008—2012年间的排放配额数量，用公吨二氧化碳当量来度量。在承诺期结束时，每个国家需要提交可以覆盖其承诺期真实排放量的配额数量。《联合国气候变化框架公约》指出，如果一国的真实排放量超过其提交的配额量，按照《京都议定书》第17款要求，该国要从其他国家购买配额补齐差距，或在抵消机制下合作执行CDM，获得排放信用。由此，很多国家通过彼此之间的配额交易实现了非正式的、高度间接的连接。在这样的连接下，对于都有减排义务的两个国家，为了实现其《京都议定书》中的减排义务，一国可以通过额外购买配额的方式，缓解其国内的排放限额；同时，出售配额的国家在交易之后，需要节约其排放限额以实现减排义务。

间接连接也通常出现在达成正式连接之前，不同排放交易体系之间相互组合，尝试一些局部的、非常规连接。如澳大利亚和美国加州已经签署了关于共享信息和排放交易体系连接经验的备忘录。同样，加州和RGGI为了实现信息共享，彼此已经给出一些碳排放权交易市场连接的具体设计要素方案。世界银行在2013年指出，对于已经建立完整碳税体系的国家，如澳大利亚、哥伦比亚、丹麦、芬兰、爱尔兰、日本、挪威、南非、瑞典、瑞士、英国等国，其类似的排放交易体系之间也可以实现间接连接。

3.4.4 碳交易市场连接的优势

碳交易市场的连接主要有以下优势：

（1）连接可以实现碳排放权和排放信用的跨区域流动。

根据EU-ETS的发展经验，通过与其他碳排放权交易市场达成双边或多边协议，建立各种类型的连接，在更大的市场内实现排放限额的交易；使用《京都议定书》下的清洁发展机制，获得减排信用。一个较大的多样性减排体系可以降低实现减排目标的总成本；同时，排放交易体系的连接，可以扩大覆盖范围和覆盖排放的总量，提供更多成本差异化的减排途径，从而降低总成本。

（2）连接有助于稳固市场。

流动性是指不影响配额市场交易价格下的适当浮动范围。流动性与连接市场所覆盖的排放量大小正相关，和市场参与者的数量也有关联。如果连接市场的交易者态度积极，则各自体系的定价能力就会被削弱。流动性有助于减少价格波动性，稳固市场，避免出现操控市场和价格的垄断实体。

（3）连接避免了“碳泄漏”的发生。

各国在实施减排政策时要进行全局控制，因为排放会出现空间转移。在连接的碳排放权交易市场中，通过将更多的区域纳入排放总量控制的范围，可以避免区域减排义务不均衡产生的“碳泄漏”现象，即企业从碳约束较强的地区迁至碳约束较弱的地区。碳排放交易体系连接后，企业接收到同样的市场价格信号，减排成本接近的两国企业，在市场交易过程中，价格逐步趋同，避免了竞争力削弱和“碳泄漏”问题的产生。

第四章

中国绿色金融和气候投融资政策体系

PART 4

目前在我国的减排政策体系中，包括气候政策、环境经济政策、金融政策和财税政策等，气候投融资属于其中的重要一环。气候投融资政策体系建设是一项面向“碳达峰碳中和”目标的重要制度建设工作，也是促进中国应对气候变化工作的重要抓手，构建起中国气候投融资政策体系能够更高效地实现国家自主贡献目标，切实有效地服务于中长期气候工作。

4.1 气候投融资的重要意义

联合国气候变化框架公约金融委员会对于气候金融的定义为：旨在减少温室气体排放、加强温室气体汇集，减少人类和生态系统对气候变化负面影响的脆弱性，维持和增强其恢复能力有关的融资活动。2015年中国政府提出“气候投融资”的概念，这是一个应对气候变化范畴下的，具有国际性特点的特定概念。气候投融资是国际维度的行动，与气候谈判、全球减排目标设定、全球应对气候变化行动息息相关，既要包括国际气候谈判中发达国家向发展中国家承诺提供的“气候资金”，还应涵盖全球应对气候变化框架下的各种渠道资金的集聚、流动和分配，包括资金来源、载体和工具、投向领域以及保障性措施等。

根据2020年10月发布的《关于促进应对气候变化投融资的指导意见》，气候投融资的定义为：“应对气候变化投资与融资（简称‘气候投融资’）是指为实现国家应对气候变化和低碳发展中长期战略目标及中国国家自主贡献，引导和促进更多资金投向应对气候变化减缓和适应领域的投资和融资活动，是绿色金融的重要组成部分。”气候投融资的支持范围包括减缓和适应两个方面。

（1）减缓气候变化

包括调整产业结构，积极发展战略性新兴产业；优化能源结构，大力发展非化石能源；开展碳捕集、利用与封存试点示范；控制工业、农业、废弃物处理等非能源活动温室气体排放；增加森林、草原及其他碳汇等。

（2）适应气候变化

包括提高农业、水资源、林业和生态系统、海洋、气象、防灾减灾救灾等重点领域适应能力；加强适应基础能力建设，加快基础设施建设、提高科技能力等。

4.2 气候投融资的政策和分类

4.2.1 气候投融资政策

目前，中国气候投融资有关的主要文件包括《中华人民共和国国民经济和社会发展第十四个五年规划和2035年远景目标纲要》《关于促进应对气候变化投融资的指导意见》《气候投融资项目分类指南》《绿色债券支持项目目录（2021年版）》《金融机构环境信息披露指南》《环境信息依法披露制度改革方案》《煤炭清洁高效利用重点领域标杆水平和基准水平（2022年版）》等。

（1）气候投融资政策的分类

气候投融资分为气候减缓资金和气候适应资金两种。气候减缓资金主要用于调整产业结构、优化能源结构、开展碳捕集利用与封存试点示范、控制非能源活动温室气体排放、增加碳汇等。气候适应资金主要用于提高重点领域适应能力、加强适应基础能力建设、加快基础设施建设和提高科技水平等。2016年以来，国际复兴开发银行与国际开发协会的气候适应和气候减缓融资承诺额总体呈增加趋势，两种资金的比例目前大致相当，如图4-1所示。气候适应资金中，投向最多的是农业与食品领域；气候减缓资金中，投向最多的是能源与采油领域。

图 4-1　国际复兴开发银行和国际开发协会气候适应与气候减缓资金承诺额（2016—2021 年）
（来源：《世行集团2021年气候融资报告》）

（2）环境信息披露方面

中国对重点排污单位、实施强制性清洁生产审核的企业和金融绿色债券，要求强制披露，其他行为体和产品鼓励披露。

（3）资金来源方面

中国的气候融资中，公私合作伙伴关系（Public-Private-Partnership，PPP）方式约占1/5，但由于对私营部门的激励措施不足，大部分融资来自政府预算补贴。

（4）资金投向方面

中国《绿色债券支持项目目录（2021年版）》较2015年版已删除清洁煤电厂一项。在生物多样性领域，多边投资担保机构计划将生态系统服务评估纳入气候风险筛选框架，国际复兴开发银行计划催化私有部门资金投向生物多样性领域。中国的《气候投融资项目分类指南》尚未囊括“基于生态系统的适应项目”，目前国内生物多样性资金多流向宣传教育和植树造林等活动。

4.2.2 气候投融资分类

气候投融资根据资金需求，分为气候投资和气候融资两部分，既包括金融市场中的气候融资服务和产品，也涵盖政府部门和各商业机构的气候友好投资与气候风险管理。气候融资是通过金融市场作为媒介，获得来自公共、私人或其他的融资来源为气候友好项目筹集资金或协助项目的气候风险管理，旨在支持应对气候变化的缓解和适应工作。国内学者将气候投融资的途径分为国家财政融资、国际融资以及其他融资方式等三种（吴静等，2016）。因此，气候融资包括商业融资、国家财政融资、国际融资和碳配额市场融资等。其中，商业融资是指通过股票发行、债券发行和银行贷款等形式筹集气候项目资金的行为。国家财政融资是主要渠道，资金来源之一是国家及各级地方政府的财政拨款和政府信贷。国际融资是通过国际金融市场筹集企业发展所需的流动资金和中长期资金，协助项目进入资金成本更优惠的市场，从而实现在扩展资金获得渠道的同时降低融资成本。另外，企业也可以在政策引导下的碳配额市场进行融资，通过在碳配额市场交易碳配额获取资金。

4.3 气候投融资的现状

世界银行集团（以下简称世行集团）在其发布的《气候变化行动计划》中明

确指出了气候投融资在减少极端贫困和促进共同繁荣事业中的重要作用。多年来，世行集团在调用资金支持各国实现自主贡献目标的同时，助力各国研究兼顾气候治理与经济发展的可行方案，并以年度报告的形式对外披露气候投融资项目与数据。目前，世行集团已发布两版《气候变化行动计划》，旨在增加气候投融资，支持成员国及私营部门客户的短期和长期需求；发布了24份《国别气候与发展报告》，帮助各国兼顾经济发展与气候治理；正在研究制定与《巴黎协定》接轨的行动计划，以及为发展中国家提供融资支持和政策指导。

世行集团在2016年发布的《气候变化行动计划（2016—2020年）》中承诺，将气候资金占比由总承诺额的20%提高到28%，该目标已于2018年实现。2021年发布的《气候变化行动计划（2021—2025年）》中，世行集团承诺将上述比重增加到35%，该目标已于2022年实现。自2016年计划执行以来，国际复兴开发银行与国际开发协会气候投融资承诺额呈整体上升趋势，如图4–2所示。

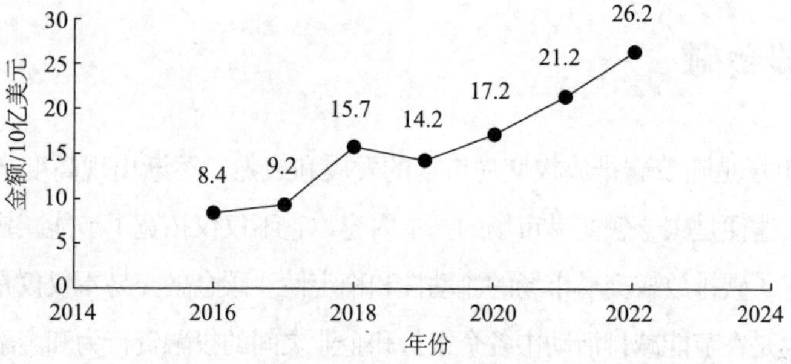

图 4–2　国际复兴开发银行和国际开发协会气候投融资承诺额（2016—2022 年）

中国目前已在23个地方展开气候投融资试点，计划在“试点地方基本形成有利于气候投融资发展的政策环境，培育一批气候友好型市场主体，探索一批气候投融资发展模式，打造若干个气候投融资国际合作平台，使资金、人才、技术等各类要素资源向气候投融资领域充分聚集”。

4.4 气候投融资与碳市场

气候投融资和碳市场能够相互促进。碳市场为气候投融资提供了一种可持续的融资来源，也是有效将气候长期效益和投融资短期收益联结在一起的工具。气候投融资的重要目的是通过投资和融资活动支持减缓和适应气候变化的项目及行业；碳市场为气候投融资提供了一种减排手段和经济激励，通过碳市场以促进企业实现减排目标、获得减排收益，且该收益又可反哺相关项目。

世行集团支持各国建立国内碳市场和参与国际自愿碳减排市场，并通过提供技术援助培育符合不同市场要求的碳减排量的项目。截至2022年7月，中国已成为全球覆盖温室气体排放量规模最大的碳市场。

中国目前在气候投融资发展上的优势主要在于碳市场规模大、绿色债券发行量大和气候投融资试点工作有序推行，不足之处包括信息披露等标准尚未统一和未充分调动私营部门潜力等。为此，中国应借助国内绿色金融现有优势，结合国内外气候投融资需求，增加气候投融资在绿色金融框架中的比重，进一步扩大气候投融资规模并构思项目标准国际化的可行模式。

4.5 碳金融

碳金融市场是随着碳排放权交易市场的发展和成熟，逐渐出现高度金融化的排放权交易市场，这便是碳金融交易市场的基本内容，它不仅仅拓宽了节能减排企业的融资渠道，也促进了碳排放权交易市场的流动性和稳定性。碳金融交易不仅仅是一项简单的金融活动，也是在节能减排活动中各个银行和企业之间的投融资行为和金融服务活动。

4.5.1 碳金融的概念

碳金融是指以实现降低二氧化碳排放为目的的各类金融活动或交易行为，在具体内容上既包含狭义视角下与碳排放权有关的期权或期货，也包含广义视角下的可以延缓或降低气候变化引致负面影响的投融资行为。

从全球视角看，碳金融市场主要由两部分组成：其一是以金融配额为基础的交易行为，例如在英国、澳大利亚等国家的碳排放交易权等交易；其二是以产品或项目为基础的交易行为，例如通过联合履约、清洁发展等机制获取的碳减排等信用交易。从产品形态看，现在我国已有的碳金融产品包括碳基金、碳资产质押融资、碳债券、碳资产托管、碳资产回购、碳排放权交易等多种形式。主要碳金融产品及实例如表4–1所示。

表 4-1 主要碳金融产品及实例

类型	碳金融产品	产品定义	实例
碳市场融资工具	碳债券	发行人为筹集低碳项目资金向投资者发行并承诺按时还本付息，同时将低碳项目产生的碳信用收入与债券利率水平挂钩的有价证券	2014年浦发银行主承销的10亿元中广核风电有限公司附加碳收益中期票据（国内首单）
	碳资产抵质押融资	碳资产的持有者将其拥有的碳资产作为质物/抵押物，向资金提供方进行抵质押以获得贷款，到期再通过还本付息解押的融资合约	兴业银行武汉分行和湖北宜化集团有限责任公司三方签署了碳资产质押贷款协议，以211万t碳排放配额作为质押担保，依据湖北碳市场平均成交价格和双方约定的质押率系数，获得了4000万元贷款（国内首单）
	碳资产回购	碳资产的持有者向资金提供机构出售碳资产，并约定在一定期限后按照约定价格购回所售碳资产以获得短期资金融通的合约	中信证券和北京华远意通热力科技股份有限公司达成融资总规模1330万元的配额回购业务
	碳资产托管	碳资产管理机构（托管人）与碳资产持有主体（委托人）约定相应碳资产委托管理、收益分成等权利义务的合约	湖北兴发化工集团股份有限公司参与该项业务，并托管100万t碳排放权，其托管机构为两家，分别是武汉钢实中新碳资源管理有限公司和武汉中新绿碳投资管理有限公司（国内首单）
碳市场支持工具	碳指数	碳指数既是碳市场重要的观察指标，也是开发指数型碳排放权交易产品的基础，基于碳指数开发的碳基金产品，列入碳指数范畴	中国碳市场100指数
	碳保险	为降低碳资产开发或交易过程中的违约风险而开发的保险产品	碳交付保险、碳信用价格保险、碳资产融资担保
	碳基金	依法可投资碳资产的各类资产管理产品	我国首只政府部门备案的碳基金为诺安资产管理有限公司对外发行，华能碳资产经营有限公司为基金投资顾问，规模达3000万元

4.5.2 碳金融的目的

碳金融的主要目的就是应用金融资本工具去减少温室气体的排放、去驱动利益各方改善人类生存环境，最后达到低碳发展、生态发展、循环发展和可持续发展的目的。同时，碳金融也指利用金融制度、金融交易活动和金融中介服务等金融市场规则和工具转移生态环境风险的行为，是人类社会做到人与环境友好型发展，降低金融风险的同时增加社会效益、经济效益的各项活动。

4.5.3 碳金融市场和碳金融产品

碳金融产品是指在碳金融市场中可交易的金融资产，也叫碳金融工具。世界银行将碳金融产品分为市场配额（Allowance）产品和抵偿（Offset）信用的现货（Spot）和衍生产品（Derivatives）。金融产品价格是金融市场的核心，碳金融产品在碳金融市场中的地位亦如此，研究碳金融产品的价格变化规律及其影响因素对完善我国碳金融市场机制和规范市场交易主体意义重大。探索碳排放权价格影响的关键因素、建立碳排放权及其衍生品的价格变化和有关定价数理模型以及分析各种产品价格间的关联关系是碳金融研究的主要方向。

目前，我国学术领域关于碳金融市场的研究，不管是定性还是定量研究，都主要聚焦于"碳排放总量"的控制，整体的思路是根据碳排放权分配方法、核证减排机制、交易方式和交易价格来设计碳排放权交易体系。2016年4月，北京环境交易所成立了绿色金融委员会碳金融工作组专门研究碳金融产品，标志着我国碳金融产品研究和市场运行的开启，逐渐形成包括金融交易工具、融资工具和支持工具的完整碳金融市场，但相关实务开展规模不大，应用不普遍，相关的研究也不多。我国试点碳市场的碳金融产品情况见表4-2。

表 4-2 我国试点碳市场的碳金融产品情况

碳市场	时间	产品	参与方	备注
北京	2014—2015年	回购融资、场外期权交易、场外掉期交易	证券公司、交易所	超过1500万元
上海	2015—2017年	质押融资、碳远期	交易所、资产管理公司、商业银行	交易数据未公布
深圳	2014年	碳金融结构性存款、碳基金	核电行业、交易所、政策性银行、商业银行等	总量超过10亿元
广东	2015—2017年	回购融资、质押融资、碳资产托管、场外期权交易	能源行业、交易所、投资公司	交易数据未公布
湖北	2014—2016年	碳基金、碳资产托管、碳资产质押融资、碳远期、回购融资	能源行业、化工行业、商业银行、政府	交易额过亿元
福建	2017年	碳资产托管	钢铁行业、投资公司	360万t

碳金融市场可以规避或降低碳排放政策给排放企业所带来的经营风险，利用市场机制的作用控制企业违约所带来的信用风险和市场变化所造成的市场风险，并为投资者创造利润，即所谓两大功能：风险控制以及收益管理。两大功能的发挥必须通过碳金融市场有机合理的层次结构实现。碳金融市场的结构如图4-3所示。

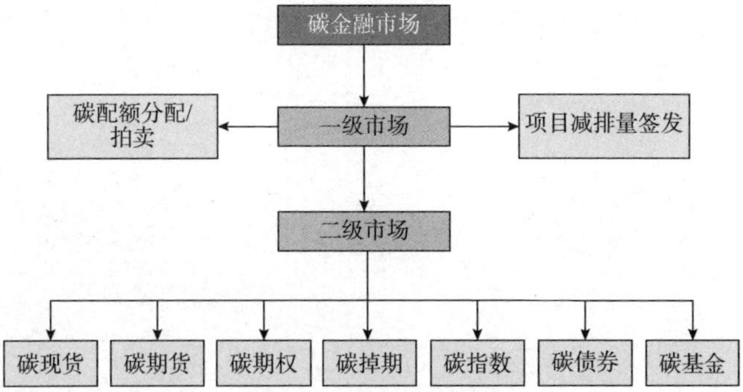

图 4-3　碳金融市场结构

一级市场是指碳排放的发行市场或者是初级市场，是碳排放权首次分配或出售给企业所形成的市场，包含了项目减排量签发和碳配额分配与拍卖。该市场的主要参与者是政府和企业。政府负责制定政策和法律法规、搭建交易平台，企业是指参与管控的企业，也是需要履行减排义务的企业。二级市场包含了碳现货、碳期货、碳期权、碳掉期、碳指数、碳债券和碳基金等。该市场主体包括政府、商业银行、保险公司和企业。商业银行通过碳金融产品实现减排项目的资金融通及相关支持服务，保险公司提供保险业务。融资和支持服务包括有碳质押、碳回购、碳托管、碳基金等。

碳金融市场的一级市场和二级市场需要协调发展方可实现其功能，衡量碳金融市场成熟的标志一是资源配置效率（碳价有效性、稳定性），二是市场运行效率（流动性、权威性），因此需要分析影响中国碳金融市场建立和进一步发展的驱动因素。

第五章

炼化与热电企业碳配额缺口分析

PART 5

本章在前期调研国内外碳排放市场政策、碳排放核算标准和配额规则的基础上，收集了2019—2020年部分化工和热电相关企业的碳排放数据，共计37家企业，以及15家第一批重点排放企业的配额估算数据。所有企业排放数据来自企业自行填报的“全国排污许可证系统”生成的表格。此外，排放数据由两部分组成：直接排放数据和间接排放数据。直接排放数据包括固定排放源、移动排放源、制程排放源和逸散排放源，而间接排放数据包括间接外购排放和间接外供排放。根据行业板块，排放数据分为炼油板块、化工板块和热电企业。

5.1 炼油、化工与热电企业碳排放情况概述

目前在全国碳交易市场排放（发电行业）中，电力行业排放核算一般只计入固定排放源发电设施燃料燃烧排放的温室气体，在化工排放核算中，企业排放会包含一部分制程排放。因此，以固定排放源排放和直接排放（包含固定排放和制程排放）两个统计口径进行排放情况分析，热电企业仅考虑固定排放部分，化工板块则同时考虑了固定排放和制程排放。

5.1.1 热电企业

在收集到的37家企业排放数据中，共收集热电企业数据24家，其中被纳入全国碳交易市场企业（CEA）的共16家。此外，部分热电企业排放量虽然较高，但由于燃烧燃料和工业生产程序复杂，目前并没有被纳入第一批重点排放企业名单，但会在第二、第三个履约期内被纳入全国碳排放市场。表5-1总结了2019—2020年热电企业的固定排放源温室气体排放水平。

表 5-1　热电企业温室气体排放水平概况

排放口径	统计口径	2019年/tCO_2e	2020年/tCO_2e
固定排放源	纳入CEA企业	43198673.35	42038691.54
	热电企业	60015693.37	59722430.8
CEA企业占百分比		71.98%	70.39%

与2019年相比，2020年热电企业温室气体固定排放源排放下降为0.5%，排放水平基本保持不变，而被纳入全国碳市场的15家企业的温室气体总排放量同比下降了2.69%。同时，参与全国碳市场的控排企业在热电企业总排放的占比水平基本保持不变。2019—2020年固定排放量最高的5家热电企业，见表5-2。

表 5-2　2019—2020 年热电企业固定排放量最高的 5 家企业

2019年		2020年		两年总量	
企业	固定排放总量/tCO_2e	企业	固定排放总量/tCO_2e	企业	固定排放总量/tCO_2e
A	6415750	A	6381005	A	12796755
B	6381363	B	6301276	B	12682638
C	4775023	C	4757320	C	9532343
D	4773187	D	4523134	D	9296321
E	4303966	F	4055129	F	8356367

这几家企业均为2021年全国碳排放权交易市场中的重点监管企业，五家企业最主要的排放燃料为煤炭燃料。

根据《中国发电企业温室气体排放核算方法与报告指南（试行）》和GB/T 32151.1—2015《温室气体排放核算与报告要求　第1部分：发电企业》，本书进一步将热电企业使用的化石燃料分为13类，包括煤、石油焦、炼厂干气、天然气、甲烷氢、火炬气、液化石油气、柴油、燃料气、燃料油、PSA尾气、汽油及其他。根据燃料种类，表5-3重新总结了2019—2020年热电企业排放情况。

表 5-3　2019—2020 年热电企业排放（按燃料）

燃料源	热电企业		纳入全国碳市场交易重点监管企业CEA			
	2019年碳排放/tCO_2e	2020年碳排放/tCO_2e	2019年碳排放/tCO_2e	占热电企业比例/%	2020年碳排放/tCO_2e	占热电企业比例/%
煤	45908193.48	52565064.45	35311353.65	76.92	33537132.88	63.80
石油焦	11488891.85	12718314.48	4512827.03	39.28	4964984.45	39.04
其他	1076247.146	846806.27	325725.63	30.26	216782.09	25.60
炼厂干气	724258.602	715431.91	67304.45	9.29	230981.93	32.29
天然气	474736.77	374403.56	116145.88	24.47	157095.99	41.96
甲烷氢	208718.898	279233.00	64283.24	30.80	16783.17	6.01
火炬气	27478.486	46277.67	27478.49	100.00	46277.67	100.00
液化石油气	49241.749	16519.65	11729.76	23.82	20356.69	123.23
柴油	30158.641	25324.39	17673.85	58.60	12768.35	50.42
燃料气	11729.76	20356.69	3022.05	25.76	3711.13	18.23
燃料油	11163.57	6040.42	4176.39	37.41	871.64	14.43
PSA尾气	4176.39	871.64	296.09	7.09	278.37	31.94
汽油	698.03	544.33	698.03	100.00	544.33	100.00

从排放总量上来看，煤炭燃烧排放是热电企业主要排放来源，分别占2019年和2020年排放总量的76.5%和77.7%。其中，15家参加全国碳市场交易的热电企业煤炭排放量分别占2019年和2020年参与碳交易市场总排放量的87.3%和85.5%。值得注意的是，纳入全国碳市场的15家热电企业的煤炭燃烧排放在热电企业的煤炭燃烧排放的比例呈下降趋势，从2019年的76.9%到2020年的63.8%。

在化石燃料排放中，第二个主要排放来源为石油焦，分别占2019年和2020年总排放水平的19.1%和18.8%，其中15家重点控排单位排放量占全部热电企业石油焦排放量的11.3%（2019年）和12.7%（2020年）。最后，其余11类主要燃料占热电企业固定排放源温室气体排放的比重小于5%，具体排放数据汇总见附录，在此不作详细分析。

为了能够更好地比较不同企业的煤炭排放水平、排放强度和技术差异，报告根据排放总量和燃烧活动两项数据计算了企业煤炭燃烧排放强度，即企业煤炭燃烧活动的单位强度，具体测算公式如下：

$$排放强度=\frac{排放量}{活动数据}$$

其中排放量（tCO_2e）和活动数据（t）分别来自《全国排污许可证系统》中自行生成的数据，见表5-4。

表 5-4　2019—2020 年热电企业煤炭燃烧排放强度（按煤炭类别）

排放源	两年平均排放强度/（tCO_2/t）
无烟煤	2.3727
贫煤	2.2045
原煤	2.1473
其他沥青煤	2.0953
烟煤	1.9685
炼焦煤	1.9054

最后，通过加总两年所有类型燃料活动和排放数据，进一步绘制出参加全国碳排放市场交易的15家企业的平均固定排放强度。经计算，15家企业的燃料燃烧平均排放强度为2.077 tCO_2/t，根据对热电企业排放总量和排放强度水平调查，得到以下几个结论：

1）热电企业2020年温室气体排放量最高的五家企业中，其中4家企业为参加全国碳交易市场的重点控排单位；在参加全国碳交易市场的15家企业中，有6家企业的温室气体排放量呈增加趋势，但排放量增加的主要原因是燃烧活动增加而不是排放强度增加。

2）热电企业固定排放源主要来自煤炭燃烧排放，2019—2020年煤炭燃烧的平均排放强度系数分别为2.042和2.028。

3）煤炭燃烧排放中，无烟煤排放强度系数最高，但煤炭燃烧排放量最大的煤种为烟煤；根据调查发现，排放总量与排放强度并无显著关联，即排放总量高不代表煤炭燃烧单位排放量高。在现行的基准值配额分配原则下，应当考虑企业排放强度、排放总量和燃烧发电的经济效益三者的综合效率，而不是单独关注排放总量。

5.1.2 化工企业

在化工企业中，共调查了24家企业，为保证统计口径一致，仅针对24家明确了数据的企业进行排放分析。不同于热电企业，化工企业的温室气体排放主要来自两个部分，固定排放源和制程排放源。但由于制程排放的燃烧原料、工艺、产品及副产品较为复杂，本次调查仅对制程排放总量进行描述性分析。此外，化工企业固定排放源数据排除了部分燃烧活动，包括行政后勤、物流运输、水务工程、食堂炉灶和消防工程等排放量，这些温室气体排放目前不被计入碳市场排放核算中。

表5-5总结了化工企业2019—2020年24家企业的固定排放量、制程排放量和直接排放量。同比2019年，2020年制程排放量、固定排放量和直接排放量分别下降了12%、9.2%和9.82%，固定排放源依然是化工企业排放最主要的排放源，占直接排放量的80%左右。

表 5-5　2019—2020 年化工生产企业排放量（按排放源）

排放来源	2019年排放量/tCO_2e	占直接排放比例/%	2020年排放量/tCO_2e	占直接排放比例/%
制程排放源	11882355	19.90	10456096	19.42
固定排放源	47607880	79.75	43239120	80.32
直接排放合计	59696524		53833788	

表5-6总结了2019—2020年企业固定排放化石燃烧排放量。

表 5-6　2019—2020 年企业固定排放化石燃烧排放量

固定排放源燃料	2019年碳排放/tCO_2e	2020年碳排放/tCO_2e	两年变化率/%	总排放/tCO_2e	占比/%
甲烷氢	7469114	10396601	39	17865716	48.49
天然气	2904432	2856344	–2	5760776	15.64
炼厂干气	2597420	1948880	–25	4546299.5	12.34
煤	1086811	1087163	0	2173974	5.90
火炬气	965512.2	1028246	7	1993758.63	5.41
燃料气	1448448	382665.1	–74	1831113.5	4.97
燃料油	640792	638635.7	0	1279427.63	3.47
液化石油气	609910.7	635751.8	4	1245662.5	3.38

续表

固定排放源燃料	2019年碳排放/tCO_2e	2020年碳排放/tCO_2e	两年变化率/%	总排放/tCO_2e	占比/%
其他	72631.13	61754.65	−15	134385.781	0.36
柴油	6246.08	3946.19	−37	10192.2695	0.03
PSA尾气	1448.936	1770.835	22	3219.771	0.01

根据表5-6所示的企业排放量和燃烧活动数据，进一步计算了这些化工企业2019—2020年固定排放燃料燃烧排放强度（见表5-7）。其中，燃料油排放强度最高，为3.2467tCO_2e/t，天然气排放强度最低，为0.00393tCO_2e/t。固定排放源中，甲烷氢使用比重最高，其排放强度为2.9057tCO_2e/t。此外，化工企业主要燃料的排放强度系数（甲烷氢）高于热电企业主要燃料的排放强度系数（煤炭）。

表 5-7　2019—2020 年化工企业固定排放燃烧排放强度（按燃料）

tCO_2e/t

排放源	排放强度
燃料油	3.2467
液化石油气	3.1989
柴油	3.1708
甲烷氢	2.9057
燃料气	2.6519
火炬气	2.5174
炼厂干气	2.2852
煤	2.0135
其他	1.1765
PSA尾气	0.0313
天然气	0.0039

通过对化工企业排放量和排放强度水平进行调查，可以得出以下主要结论：

①化工企业温室气体排放主要来自固定排放，固定排放主要源于甲烷氢燃烧排放，而甲烷氢的平均排放强度系数为2.906 tCO_2e/t。

②不同于热电企业，天然气、炼厂干气、煤炭、燃料气和火炬气占化工企业燃料燃烧排放量的40%。从总体来看，化工企业的燃料排放来源复杂，排放强度

平均水平高于热电企业。

③不同于热电企业，化工企业温室气体直接排放中有20%来自制程排放。

5.2 化工与热电企业碳配额情况分析

本节重点计算了热电企业的配额情况。鉴于化工企业暂并未明确排放配额分配方法，同时所调研单位并未提供参与地方市场历史配额量数据，因此，在化工企业分析中仅比对了不同地方碳市场配额分配政策，定性分析了全国碳市场石化行业配额分配政策的几种可能。

5.2.1 热电企业

主要选取了三家企业（企业A、企业B和企业C）作为案例进行配额强度情境分析以及降低碳交易成本路径分析。三家企业在参加全国碳交易市场前并没有参与过地方试点碳交易市场，因此三家企业均需要在年底参与2019—2020年的配额清缴工作。根据之前介绍的配额计算方法，计算了三家企业2019年、2020年发电量、供热量的配额情况并估计了配额清缴费用，具体计算规则见表5-8。

表 5-8　配额计算规则

配额状况	交易操作	配额收益计算规则
盈余$Q_{排放} \leqslant Q_{配额}$	全部卖出	$Q_{盈余} \times P_{CEA}$
缺口$Q_{排放} > Q_{配额}$	—	—
当$Q_{缺口} \leqslant Q_{配额} \times 5\%$	CCER清缴	$-Q_{缺口} \times P_{CCER}$
$Q_{配额} \times 5\% < Q_{缺口} < Q_{排放} \times 20\%$	常规交易+CCER	$-Q_{配额} \times 5\% \times P_{CCER} - (Q_{缺口} - Q_{配额} \times 5\%) \times P_{CEA}$
$Q_{缺口} \geqslant Q_{排放} \times 20\%$	常规交易+CCER	$-Q_{配额} \times 5\% \times P_{CCER} - (Q_{排放} \times 20\% - Q_{配额} \times 5\%) \times P_{CEA}$

其中$Q_{排放}$、$Q_{配额}$、$Q_{缺口}$、$Q_{盈余}$分别代表企业核算的实际排放量、最终配额量、配额缺口以及配额盈余，P_{CCER}和P_{CEA}分别代表CCER价格和碳配额价格。当配额存在盈余时，企业可以选择卖出全部配额盈余作为碳收益。当配额存在缺口时，企业可以根据配额缺口情况选择适当的市场操作方式，具体方法如下：

①当配额缺口比例小于总配额的5%时，常规操作为通过价格较为低廉的CCER项目进行抵偿缺口。

②当配额缺口比例大于总配额的5%，但没有达到清缴上限时，可以通过价格较为低廉的CCER项目进行抵偿，再通过市场交易清缴剩余部分。

③当配额缺口比例达到清缴上限时，需要通过CCER项目和市场交易组合抵偿总排放20%的上限。

在情景模拟中，假设配额价格为目前市价45元/t，且CCER供给充足，可以在市场中以20元/t的价格购买CCER项目作为抵偿，具体结果见表5-9。

表5-9　典型企业碳排放配额基本信息

项目	A企业		B企业		C企业	
	2019年	2020年	2019年	2020年	2019年	2020年
机组类型	非常规燃煤机组		300MW以下燃煤机组		300MW以下燃煤机组	
供电量/（MW·h）	235054.9	275538.7	123699.6	113946.5	3061115	2883675
供热量/GJ	5933936	5241078	7395167	7114621	10315139	9996330
供电排放/tCO_2	434713.7	439327.5	144837.9	98989.18	3019053	2559863
供热排放/tCO_2	807325.4	644361.5	1035585	739191.8	1342790	1191144
排放总量/tCO_2	1242039	1083689	1180423	838181	4361843	3751007
供电配额/tCO_2	230852.6	274461.2	97728.51	89910.2	2933528	2757185
供热配额/tCO_2	747675.9	660375.9	931791.1	896442.3	1299708	1259538
总配额/tCO_2	978528.5	934837.1	1029520	986352.4	4233236	4016723
配额总缺口/tCO_2	–263511	–148852	–150904	148171.4	–128607	265715.6
供电配额缺口/tCO_2	–203861	–164866	–47109.4	–9078.97	–85524.8	197322.1
主要燃料种类	炼焦煤	炼焦煤	烟煤	烟煤	烟煤	烟煤
配额清缴费用/万元	–995.519	–552.979	–550.376	666.7716	–257.214	1195.72

根据《2019—2020年全国碳排放权交易配额总量设定与分配实施方案（发电行业）》，本研究计算了热电企业三家典型企业的配额盈缺情况。在最新的配额核算方法下，2019年三家企业均存在配额缺口，其中A企业2019年配额缺口超过排

放总量的20%，其配额清缴义务最高为其获得的免费配额量加20%的经核查排放量；2020年企业B和企业C配额最终盈余，主要是由于两家企业总发电量和单位排放强度下降。特别说明的是，在基准值核算配额的标准下，配额盈余并不完全由企业发电量多少决定，而发电量的单位排放量决定了企业的配额盈缺情况。对比全国碳排放市场和地方市场供电基准值，全国碳排放市场目前的基准值较高，配额发放宽松，这主要是由于目前全国市场刚刚建立，部分企业并没有参与碳市场和碳配额清缴的经历。为了鼓励和推动全国碳市场建设，在第一个履约期配额发放以免费、宽松的形式开展。但是在未来第二、第三个履约期，配额总量或配额供电基准值预期将会逐年调减。最终，根据配额清缴规则，计算三家企业2019—2020年配额市场缺口清缴成本，其中，企业A清缴成本最高，2019年需要清缴成本为996万元，2020年需要清缴成本为553万元，两年共计1549万元；企业B在2019年需要清缴成本为550万元，而2020年配额盈余市值为667万元，2019—2020年碳市场净收益为117万元；企业C在2019年需要清缴成本为257万元，2020年配额盈余市值为1195万元，两年碳市场净收益为938万元。

在研究中发现其中一部分企业并没有对燃烧排放系数建立历史台账，因此这些企业在排放核算过程中排放因子系数（包括含碳量、发热值、氧化率等）采用了默认值，无形中增加了企业排放总量。通过与企业内部专业团队沟通，企业实测排放因子数值比默认值平均低5%～10%，也就是说用实测排放因子可以降低企业实际排放总量的5%～10%，这在一定程度上可以帮助企业减轻配额清缴压力和成本。当调整了企业的热量排放因子参数时，即（估计）降低总排放量的10%时，重新核算了三家典型企业的配额盈缺情况，具体结果见表5-10。

表5-10 典型企业碳排放配额盈缺情况

公司	企业A		企业B		企业C	
年份	2019	2020	2019	2020	2019	2020
配额盈缺（未调整）/tCO_2	−263511	−148852	−150904	148171.4	−128607	265715.6
配额盈缺（系数调整后）/tCO_2	−139307	−40483	−32861.3	231989.5	307577.4	640816.3
配额缺口下降或配额盈余增加比例/%	47.13	72.80	78.22	56.57	339.16	141.17
碳资产增值/万元	491	472	485	377	1641	1688

根据计算，通过建立企业排放台账，更换默认排放因子可以帮助企业减少配额缺口的47%～78%，增加部分企业的配额盈余高达3倍。以目前全国碳市场价格45元/t为基准，实测排放因子系数可以帮助这3家企业实现碳资产增值300万～1600万元，尤其是企业A碳资产两年累计增值达963万元。

5.2.2 化工企业

我国从2013年深圳试点碳市场启动开始，逐步启动了“7+2”共九大试点碳市场。目前，在我国各省市的碳排放管理及试点地区的碳市场建设中，化工行业的参与情况有所不同。虽然目前全国碳排放交易市场并没有纳入化工和石化行业，但是随着《巴黎协定》第一个递交报告年（2025年）临近，电解铝、水泥、钢铁、石化、化工等行业会依次被纳入全国碳交易市场。化工行业是几大高耗能行业之一，我国规模以上的化工企业26000余家，其能耗占工业用能的18%，占全国总能耗的12%，合成氨、甲醇、电石、纯碱、烧碱、黄磷等为化工行业重点耗能产品，其能源消费量之和占全行业能耗消费的70%以上。因此，可以预见化工行业会在第二或第三个履约期正式被纳入全国碳排放市场。

目前，化工行业碳排放核算和配额分配方法并没有正式公布。从试点市场来看，总共有三种可能的方法：历史总量法、历史强度法以及基准线法，任何一种方法的采用都会对全国化工行业带来巨大的影响，甚至会改变企业的生产经营决策。历史总量法是以纳入配额管理的单位在过去一定年度的碳排放数据为主要依据，确定其未来年度碳排放配额的方法。历史总量法的优点是计算方法简单，对数据要求低，但缺点为配额分配不公平。历史总量法变相奖励了历史排放量高的企业，未考虑近期经济发展情况以及减排趋势，也没有考量新增产品线或新建公司没有历史数据的问题。基准线法是将纳入配额管理单位的碳排放效率基准作为主要依据，确定其未来年度碳排放配额的方法，也就是依据行业水平进行横向对比。举例来说，可以将整个行业排放量较少的20%的企业加权平均作为基准值，在此基础上进一步计算。这种方法的优点是相对公平，为行业减排梳理了明确的减排目标，同时考虑到新旧公司、存量与增量的排放水平，但这种方法的缺点是计算较为复杂，所需要的数据要求较高，行政成本较高，仅能用于产品类别较为单一的行业。历史强度法是介于历史排放法和基准线法的一种方法，是指根据排放企业的产品量、历史强度值、减排系数等计算分配配额。即企业自身排放水平纵向对比，例如在过去3～5年的平均排放水平上叠加减排系数。这种方法的优点是计算方法相对简单，对数据要求相对较低，适用于产品类型较多的化工和石化行业，但该方法变相鼓励了历史排放量相对较高的企业，并没有考虑新公司无历史排放记录或者公司产品增量。

目前，化工行业核算和配额分配的主要问题在于数据漏报、统计口径不统一、排放检测内部管理不完善等问题，因此历史总量法和历史强度法可能无法准确地反映企业的碳排放真实水平，增加了配额发放的难度。相对于历史总量法和历史强度法，基准线法则更能反映不同企业间产品工艺的技术差异，避免“鞭打快牛”，更有利于树立行业标杆，淘汰落后产能。以合成氨为例，合成氨作为高耗能产品，其主要原料为煤和天然气。煤制氨产能占比最高，在化工行业达87%，企业数量占比高达85.6%。根据中国化工信息中心数据显示，天然气制氨的排放强度比煤制氨排放强度低22.5%。而使用同一种原材料的企业，由于自身技术、工艺流程和操作管理等问题，能耗水平也不尽相同。虽然基准线法对数据质量要求较高，制定过程较为复杂，但是从全国碳排放市场的发展和实现碳达峰碳中和的政策目标来看，基准线法是碳市场配额分配的基本方向。

鉴于化工行业存在产品种类繁多、流程较多、工艺差异化较大、附加产品较多等特殊问题，根据团队预判，全国碳交易市场化工板块配额分配将会以基准线法为主、部分产品以历史强度法为辅的方式推进配额分配工作。确定化工企业配额情况需要企业基于产品线角度，进行企业配额排放情况摸排。

第六章

降低炼化和热电企业碳交易成本路径分析

PART

在碳排放权配额交易的市场政策规则下，企业组织实体之间可以进行排放权交易或开展环保项目抵偿配额缺口，部分企业可以实行企业协议定价转让配额，小部分企业在政策允许的条件下允许配额存量使用。因此，碳配额交易等相关市场活动实质上使得碳排放成为一种特殊的无形资产，即碳资产。从碳资产的本质上来看，它本身同时兼具时间维度属性和金融属性，它不仅包含本年度企业配额履约的资产，也包括过去累积配额盈余、未来减排活动产生的价值。因此，碳资产管理将给控排企业带来新的挑战和机遇，为那些具有碳减排优势的企业提供了新型资产价值，为减排成本较高的企业提供了经济可行的减排方案和降低成本的市场工具。结合中国碳市场配额政策和企业排放、配额盈缺情况调查，本章将从碳资产管理的角度，针对化工和热电企业碳交易成本进行碳资产优化管理路径分析。首先分析了排放企业碳资产管理的核心挑战，接着通过调研典型企业的排放和配额数据，定量分析了不同配额政策情境下企业碳配额的缺口水平，并讨论了更换天然气燃料的减排经济效益。然后根据欧盟碳市场的发展经验介绍了欧洲碳排放市场企业交易的成功与失败经验。最后通过对未来碳市场价格、配额发放方式等政策预判，提出碳资产管理模式的建议。

6.1 碳资产管理中心面临的主要挑战

碳市场和碳资产管理对于中国工业生产企业来说是较为新鲜的市场活动，企业经营者在碳资产管理中面临的主要挑战包括国内碳市场价格波动和国际市场外部环境政策。

6.1.1 国内碳市场价格波动

从本质上来说，企业碳资产价值取决于碳配额量和碳配额价格，而碳配额价格主要随着市场供需关系而波动。影响碳市场配额供需关系的主要因素包括碳市场政策、宏观经济形势、能源使用结构和减排技术等。表6-1列出了影响碳市场配额和碳价的因素和碳价变化趋势。具体来说，市场供需将会发生如下变化：

供给侧：碳市场配额的总供给量主要取决于配额总量、分配方法、市场调节机制等碳交易政策。首先，配额总量控制是碳排放权交易市场的基础，配额总量直接决定了市场供给侧的上限。以欧洲市场为例，在第三阶段、第四阶段，EU-ETS分别设定了配额总量逐年递减的收紧制度，增加了配额供给量的稀缺性。其次，当配额分配由免费逐渐过渡到拍卖时，市场配额供给量将呈下降趋势。EU-ETS碳排放交易体系设立初期，采用了较高的配额无偿分配比例，且在配额分配方面采用历史排放法，对企业排放约束较小，出现了市场碳配额供大于求、碳交易价格大幅下跌的情况。从EU-ETS第二阶段开始，发电行业几乎不再发放免费配额，其他各个行业免费配额量逐年调整递减，到2020年，欧盟总体有约60%的配额通过拍卖发放，显著降低了市场配额供给量。最后，市场调节机制如价格稳定机制、配额储备机制等都会影响碳市场价格波动。在第一阶段末期EU-ETS价格几乎为零，这主要是由于市场配额发放过剩且不允许排放企业存储配额，而第二阶段允许配额跨期储备后，碳价就再没有接近零元。此外，碳配额抵消机制价格往往低于碳配额价格，抵消比例过大的市场中配额供给量相对较多，造成碳配额价格下降。

需求侧：影响碳市场需求侧的主要因素包括宏观经济、能源结构需求和减排进度等。首先，宏观经济发展对于碳市场需求侧起到了重要的影响作用。在经济繁荣阶段，企业生产活动增加，生产规模扩大，相应碳配额需求增加，在供给上限不变和其他条件不变的情况下碳价格预期将会提升；在经济衰退阶段，企业生产活动减少，排放量下降，碳市场需求和碳价将会降低。以2020年全球新冠疫情为例，根据ICAP报告显示，新冠疫情初期对于全世界工业生产活动造成较大冲击，导致碳价格大幅下降，随着2020年下半年疫情得到初步控制，除韩国市场外，大多数碳市场体系的价格均有所回升（见图6-1）。其次，传统化石能源在全社会的使用比重直接决定了碳排放配额的需求量，但随着清洁能源发展和项目的不断推广，未来社会能源结构的调整将会降低配额需求从而影响配额价格。最后，企业超前完成减排预期或技术创新导致的排放量大幅度下降同样会降低碳市场配额的需求。

表 6-1　碳市场供需关系影响因素

项目	分类	影响因素	碳市场配额	碳价
供给侧	碳交易政策	总量控制政策	供给下降	上升
		拍卖比例	供给下降	上升
		跨期储备制度	供给下降	上升
		覆盖行业增加	需求上升 供给上升	（总量控制）上升
需求侧	宏观经济	经济上行	需求上升	上升
		经济下行	需求下降	下降
	能源结构	可再生能源比例上升	需求下降	下降
	减排技术	减排技术创新或减排进度提前	需求下降	下降

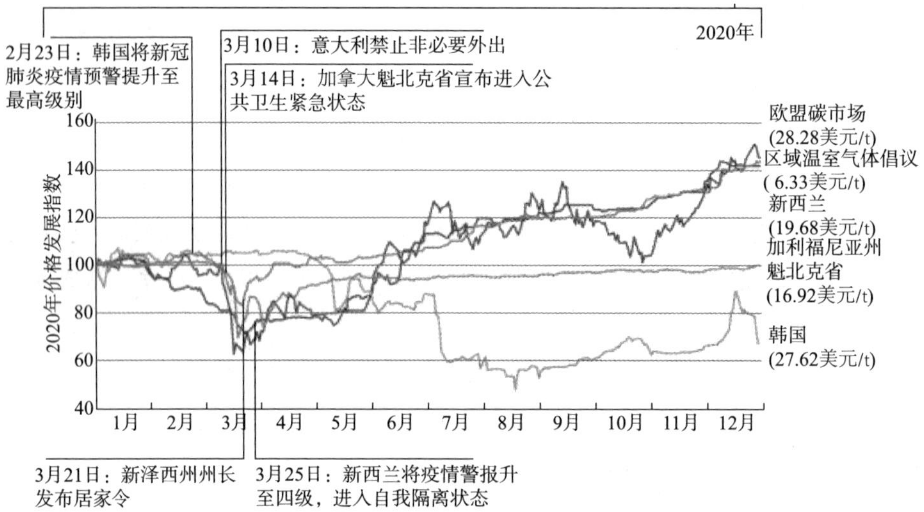

图 6-1　2020 年全球碳市场价格走势（彩图见彩插）

（数据来源：ICAP）

在全国碳排放权交易市场第一个履约周期内，全国燃煤发电行业2162家企业纳入全国碳市场，总共覆盖了45亿t二氧化碳排放量。通过分析行业技术指标，需要购买配额的燃煤机组包括300MW以上的亚临界600MW机组和300MW以下的燃煤机组；从煤种上来看，使用褐煤的机组排放强度明显高于其他煤种。自2021年7月16日交易启动以来，碳价较为平稳，但交易量从开市首日的410万t高开后持续下降，存在流动性不足的隐忧。目前的配额分配方式为免费分配，企业获得初始配额并不需要付出额外成本、配额整体宽松，机构投资者和个人投资者尚无法进场交易，因此碳价上行压力不大，但随着履约期临近，碳价将稳步上涨。根据华能集团年报显示，考虑火电企业各容量机组间碳收益和碳支出存在正负相抵，碳交易对于火电企业业绩的影响将在+6.8%和-7.6%之间。截至2021年12月31日，全国碳排放权交易市场共运行114个交易日，碳排放配额累计成交量1.79亿t，累计成交额76.61亿元。其中，挂牌协议交易累计成交量3077.46万t，累计成交额14.51亿元；大宗协议交易累计成交量14801.48万t，累计成交额62.10亿元。12月31日收盘价54.22元/t，较首日开盘价上涨12.96%。

从长期整体政策背景看，目前"十四五"期间碳排放配额总量总体充足，碳市场并没有给行业带来系统性减排压力。从率先纳入的发电行业实际执行情况来看，现阶段为100%免费发放，初期配额分配总体充足，企业履约压力暂时不大。从国际经验看，配额分配一般会从免费分配开始，逐步向拍卖过渡，之后将逐步提升有偿分配占比。预计在未来的2～3年，碳市场将覆盖电力、化工、水泥、建筑和交通等部门，越来越多行业被纳入碳排放交易市场，碳配额需求将稳步上升；而在"双碳"目标的政策背景下，配额总量将呈逐年收紧趋势，因此预计未来碳交易市场配额供应量将逐渐下降。由于碳配额价格反映了企业边际减排成本，在没有减排技术突破或能源技术突破的预期下，市场配额供给下降、需求增加，预计碳市场价格将逐步增高。根据《2020年中国碳价调查报告》对全国重点排放企业的调研（76%），全国碳交易市场建立初期预期平均碳价约为49元/tCO_2，2025年预期达到71元/tCO_2，到2030年碳价有望达到93元/tCO_2。图6-2为该调查的碳价市场预期趋势。

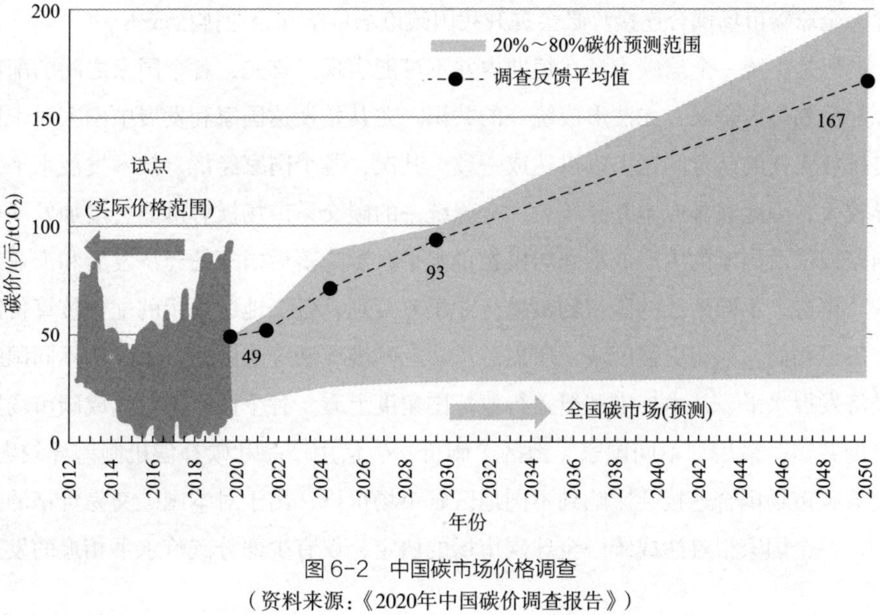

图6-2　中国碳市场价格调查

（资料来源：《2020年中国碳价调查报告》）

6.1.2 国际市场外部环境政策挑战

在全球贸易价值链的背景下，许多学者提出了“碳排放环境政策不公平问题”，即发达国家的环境政策严格、碳排放成本较高，而发展中国家（以中国为主）的管制宽松、排放成本低，这种“不公平”将导致碳排放量较高的产业向发展中国家迁移，即碳排放泄漏问题。研究人员认为碳泄漏成为发展中国家的“隐含贸易补贴”，这种不平等既增加了发达国家的生产成本，又没能起到全球范围内的节能减排效果。据部分国家研究，这种碳排放成本差异导致了发达国家的贸易结构和产业结构变化，发展中国家碳排放不平等政策导致的变相贸易补贴额高达5500亿～8000亿美元。

（1）全球碳市场耦合连接

在第25届、第26届全球气候峰会上，部分发达国家提出了将全球碳排放市场耦合连接的提案，以实现价格一致并降低碳泄漏的问题。以2020年瑞士碳市场与欧洲碳市场连接为例，在市场连接前，欧洲碳市场和瑞士碳市场价格分别为30欧元/tCO_2和20欧元/tCO_2，而在2020年碳市场连接后，瑞士地区碳市场价格上升幅度较大，到2020年底欧洲和瑞士碳市场价趋于相同，维持在50欧元/tCO_2左右。可以看出，不同国家、地区的碳排放市场耦合将会提高碳价较低市场的价格，增加企业排放清缴成本。从全球碳市场价格水平来看，碳价中位数为18美元/tCO_2，因此，全球碳市场耦合连接势必会提升我国碳市场价格和企业排放成本。

但是，统一全球碳市场在短期内并不可能实现。首先，各个国家之间的配额分配面临很大争议，无法形成统一的共识，尤其是发达国家和发展中国家对于历史排放责任的认定问题上难以达成一致。其次，各个国家经济、技术发展水平差异较大，因此减排成本差异较大，全球统一的碳交易市场极有可能会增加发展中国家或落后国家的生产成本和居民物价水平，影响落后国家的经济发展和产业结构。再次，不同地区的碳市场覆盖行业千差万别，各个地区采用的配额核算机制也不尽相同，如历史强度法、历史总量法、基准线法等。因此，基于从不同国家经济发展水平、技术标准和覆盖行业范围角度上看，各个国家很难达成碳市场连接的共识。最后，不同国家（地区）碳价、碳信用产品和碳补偿机制差异较大，全球碳市场耦合连接会影响到不同地区碳市场价格，出于对本国碳交易价格的保护，各个国家很难达成统一全球碳市场的协定，仅有少部分碳价水平相近的发达国家才能够开展碳市场连接。

（2）碳关税

另一种解决碳泄漏问题的贸易工具是碳关税。欧盟在第四阶段减排计划中提出了针对部分产业实施碳税保护措施或减排贸易保护措施，即碳边境调节机制，旨在确保进口产品与本土产品承担相同的碳排放成本，保护欧洲工业免受减排措施宽松国家的影响。碳边境调节机制于2019年7月被提出并进入欧盟立法程序，并于2023年1月落地实施碳边境调节机制，最晚于2026年正式征收相关费用。目前，该机制覆盖电力、钢铁、水泥、铝、化肥行业的直接排放，将进口商品对标欧盟商品，征收二者付出的碳成本的差值部分。此外，该机制设立后，欧盟将计划进一步降低工业免费配额占比以提高对进口商品的征税额；而出口国需要通过减少免费配额、提高碳定价予以应对。截至2021年底，荷兰工业碳税法案（二氧化碳税收行业法案）于2021年1月1日生效，税率为30欧元（35.24美元）/ tCO_2，面向受欧盟碳排放交易体系约束的荷兰工业设施以及欧盟碳排放交易体系未涵盖的废物焚化炉和排放大量氧化亚氮的设施收取费用。卢森堡已开始实施的碳税制度涵盖了运输、航运和建筑的排放，税率为汽油31.56欧元（37.07美元）/ tCO_2，柴油34.16欧元（40.12美元）/ tCO_2，其他所有除电力外的能源产品20欧元（23.49美元）/ tCO_2。

从出口总额来看，中国对欧盟出口中碳边境调节机制所涉行业的出口占比较少，因此碳边境调节机制对于中国生产企业直接排放成本增加影响较小。但是，如果碳关税机制为生产过程碳足迹溯源，则对我国化工企业和发电行业产生较大影响。在一定时间内，价格传导机制将提升我国化石能源原料成本，从而减少区域间碳价的差距。从政策实施可能性来看，欧盟碳边境调节机制对于国际贸易和全球碳市场影响巨大，其政策在短期内落地的可能性较小，但在长期仍具有很高的可能性。尽管欧美国家实施“环境关税”需要通过议会和法案等一系列法律程序，但是“环境关税”并不一定通过关税途径实现。解决碳泄漏的非关税途径包括“碳排放密集型”产品进口限额（quota）、碳排放密集强度环保标签等。这在一定程度上会影响我国工业产品贸易出口成本，降低国内出口企业的比较竞争优势。

此外，在碳市场连接和碳关税等市场政策以外，环境保护团体的公益诉讼同样会对我国排放密集型行业带来一定成本风险。2018年荷兰环保组织向Shell公司荷兰总部发出“liability for inadequate climate policy”的公开信，要求该公司更改经营发展模式、降低二氧化碳排放、停止进一步恶化全球气候。荷兰大约有1万人加入请愿，共同参与诉讼。2019年Shell公司正式接收到海牙法庭传票，原告共计17379申诉人及6家环保组织。2021年5月，裁定正式宣布：要求Shell公司在2030年以前减少其温室气体排放45%（以2019年为基准），此案件为油气公司首次受到此类裁定。2021年11月，Shell公司决定将总部从荷兰搬迁至英国，以降低环境诉讼压力和减排经济成本。由于国际减排和污染诉讼需要在母公司所属国进行司法诉讼，因此国际环境团体并不能够在实质上对我国石化企业进行诉讼。但是环境团体可以针对石化企业的产品和海外经销公司在所在营业国进行诉讼和开展抵制运动，同样也会对我国出口贸易造成影响。

根据以上分析可知，目前影响碳市场交易和企业碳资产管理的重要挑战包括：

1）碳市场价格的不确定性：在目前碳市场配额分配制度较为宽松的环境下，碳市场价格处于较低水平，但是随着排放总量收紧、越来越多企业进入碳市场，供需关系将变得越来越复杂，短期内可能会出现价格波动现象，影响企业在市场中的交易收益。

2）收紧的碳配额政策：随着“碳达峰碳中和”等中长期目标的深化，国家大概率会进一步收紧行业的碳配额总量、降低免费配额比例和取消抵偿机制，从而使得部分没有配额缺口的企业转变为存在配额缺口，而已经存在配额缺口的企业其缺口将会进一步扩大。

3）碳关税：随着欧美国家碳排放关税调节机制的推进，基于商品全生命周期碳排放量的关税核算方式将给我国工业生产企业和发电行业增加一定的碳成本，降低出口比较竞争优势。

6.2 炼化和热电企业降低碳交易成本分析

基于碳资产管理的概念和碳资产管理中的挑战，本节通过数量模型的方法分析不同市场配额政策和碳市场价格对于企业碳资产管理的影响，并讨论其他技术选项在碳市场政策中的成本收益。

6.2.1 热电企业

在碳交易市场建设初期，企业排放配额全部免费发放且基准值设定较为宽松，碳排放成本对于企业的发电成本影响较小。但从欧洲碳市场发展历程来看，市场成熟期免费配额比例将逐步下降，控排系数和排放基准值将逐步收紧，因此碳配额价格将稳步上升。在此背景下，本书针对典型热电企业进行配额缺口分析、成本的敏感度分析和压力测试，即通过调整配额强度系数、免费发放比例、市场价格、天然气发电价格等政策或技术参数，重新计算各个典型企业的配额总量和清缴成本。

（1）政策参数敏感度测试

在政策参数敏感度测试中，首先调整了供电配额基准值、供热配额基准值以及免费配额比例，计算了三家典型企业的配额情况。具体调整方法为，供电基准系数由0.979（300MW等级以下常规燃煤机组）和1.146（非常规燃煤机组）下降至0.55和0.75，逐步递减单位为0.02；供热基准系数由0.126调整为0.105，逐步递减单位为0.001；免费配额比例由100%降至60%，逐步递减单位为2%。图6-3～图6-5分别展示了三家典型企业在调整参数后的配额缺口情况。根据图6-3的结果显示，调整供电基准值对三家企业的配额盈缺情况影响各不相同，其中调整供电基准值对企业C的配额盈缺情况影响较大，即供电基准值敏感度较高，当基准值下降到0.88左右时，企业2020年配额状况从盈余转为短缺；相较之下，企业B的配额盈缺情况对于供电基准值并不敏感，配额盈缺状况无实质性变化，敏感度较低。图6-4讨论了当供热基准值逐步降低时三家企业的配额盈缺情况。相较于供电基准值，调整供热基准值对企业B的配额盈余情况影响较大，敏感度较高，而企业C的配额盈缺水平对于供热基准值变化并不敏感。图6-5表示当配额总量下降或免费配额量逐步递减的情境。当控排系数或免费配额发放量为95%和85%时，企业C和企业B在2020年配额盈缺情况分别从盈余转为短缺。通过对以上三个系数的敏感度测试表明，控排系数或免费配额分配比例对于企业的配额盈余情况影响较大，而供电和供热基准值对于企业的配额影响情况不同，取决于企业供热比情况。

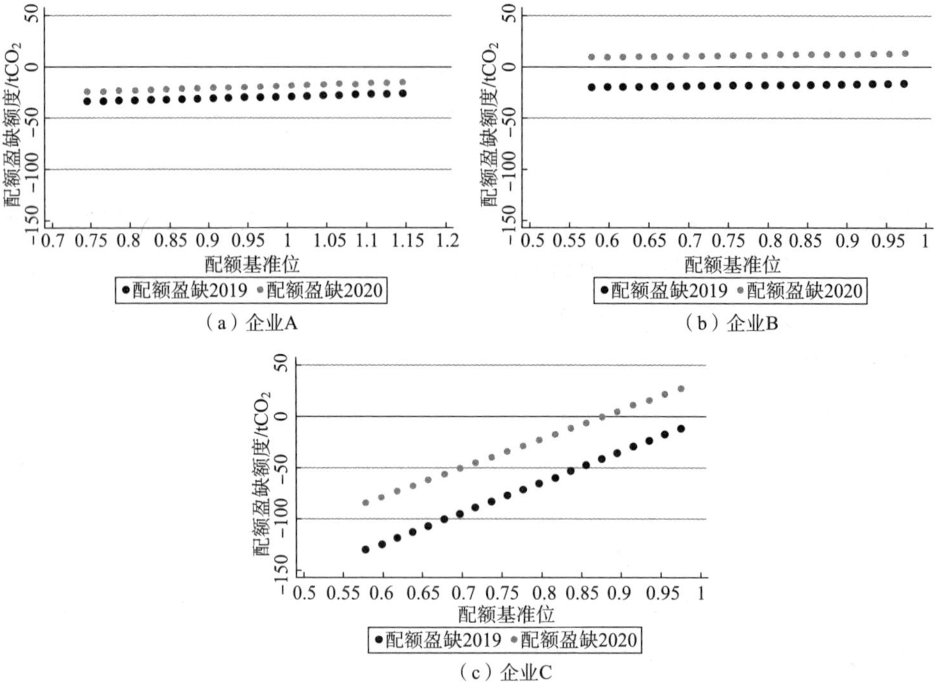

图 6-3 配额敏感度分析（供电基准值从 0.55 到 0.979）

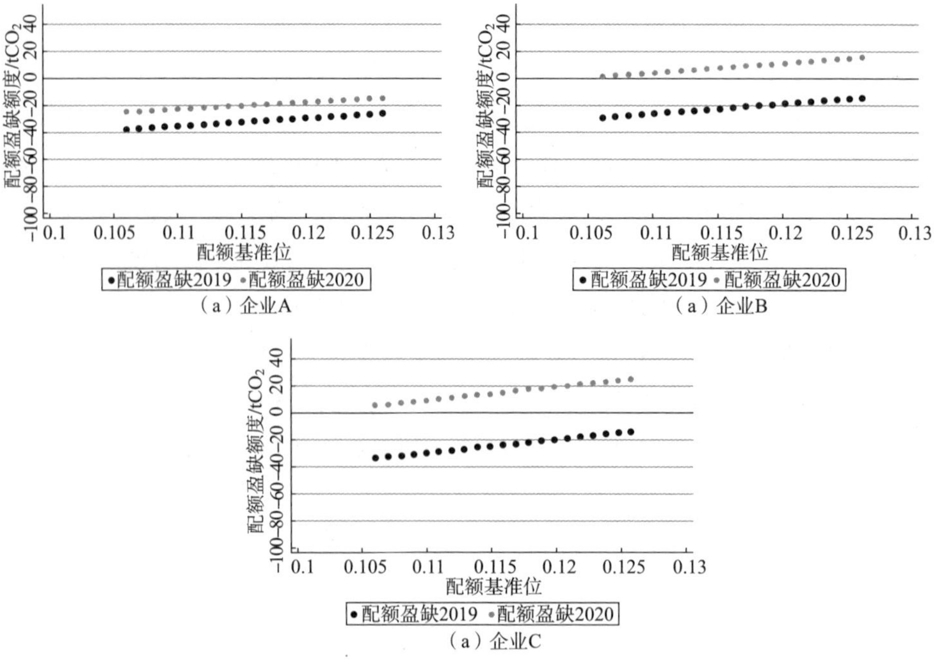

图 6-4 配额敏感度分析（供热基准值从 0.105 到 0.126）

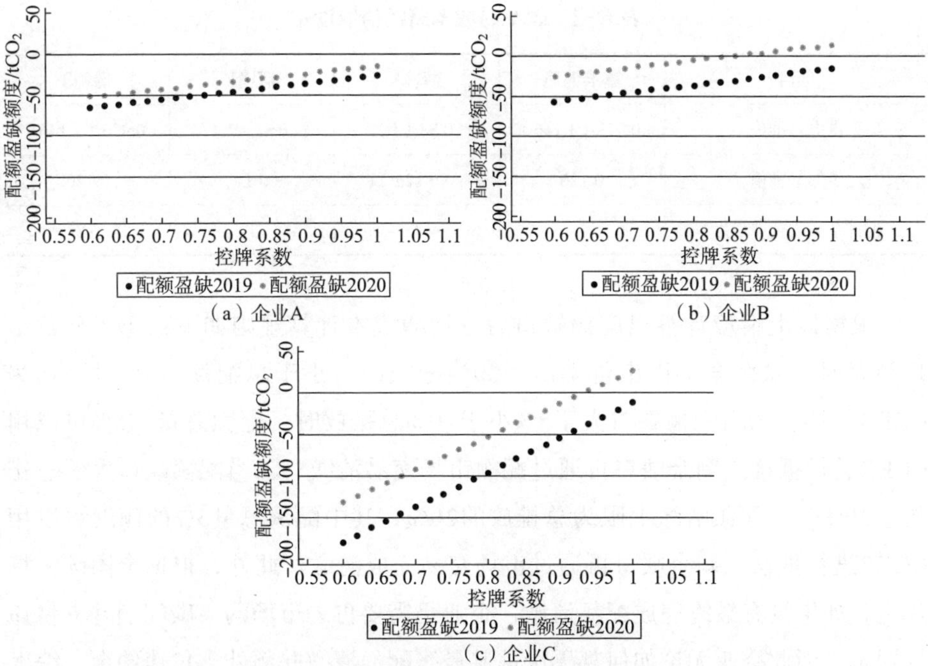

图 6-5　配额敏感度分析（免费配额分配比例从 60% 到 100%）

（2）配额清缴压力测试

考虑了3种政策情境下企业配额缺口清缴成本的压力。

情境1：供电基准值下降了10%，即300MW等级以下机组供电基准值为0.88，非常规燃煤机组基准值为1；

情境2：采用上海试点市场300MW等级以下机组供电基准值（0.81），非常规机组基准值系数调整为1，同时进一步调整供热基准值为0.11。

情境3：主要考虑了免费配额发放比例。以欧洲碳排放市场为例，第二阶段的免费配额发放量为第一阶段的90%，即配额总量下降了10%，企业需要自行进入市场进行配额竞价。类似地，部分地方市场如北京市场对于重点排放单位也提出了控排系数逐年递减的政策，如重点石化企业排放控排系数为0.95（2019年）、0.9（2020年）。在此基础上，假设全国市场仅有80%配额为免费发放，剩余配额需要企业通过市场交易购买，即免费配额系数为0.8。表6-2为所模拟的3种情境。

表 6-2　碳交易成本路径情境设定

项目	基准情境	情境1	情境2	情境3
供电基准值	0.979（1.146）	0.88（1）	0.81（1）	0.976（1.146）
供热基准值	0.126	0.126	0.11	0.126
控排系数或免费额度	1	1	1	0.8

根据以上情境计算出配额缺口后，清缴成本计算规则如下：①当配额出现盈余时，盈余全部以市价卖出；②当配额缺口小于总配额的5%时，购买CCER抵偿；③当配额缺口大于5%小于20%总排放时，配额总量的5%可以用CCER进行抵偿，剩余缺口再通过配额市场交易清缴；④当配额缺口大于总排放量20%时，配额清缴上限为总排放的20%，其中配额总量5%的额度可以用CCER进行抵偿，剩余缺口再通过市场交易完成清缴。此外，根据全国碳市场规定，如果没有最终完成配额清缴，企业仍需要再去市场购买碳配额并支付违约罚金，因此企业无论如何都无法逃避最终配额清缴并额外支付违约金。综上所述，在政策模拟计算中，假设企业不会选择逃避清缴或违约，而违约罚金不计入在情境计算中。情境分析假设全国配额市场碳价为45元/t，CCER价格为20元/t。

表6-3展示了几种情境下的清缴成本压力。首先，免费配额量下降20%（情境3）对于企业的配额缺口影响最大，配额清缴成本最高。当免费配额量下降20%时，3家典型企业2019年、2020年配额均存在缺口，配额清缴成本从98万元到3400万元。其次，在全部免费配额情况下，调整不同基准系数对于企业的配额清缴成本影响差异巨大。对比情境1和情境2配额缺口和清缴费用发现，企业B在2019年的配额缺口和配额清缴成本保持在900万元左右，而企业C 2019年配额清缴成本在两种情境下相差1000多万元。具体原因是企业C在2019年和2020年发电量高达30亿kW·h和28亿kW·h，因此该企业对于供电系数调整敏感度较高，而企业B发电量较低，供热比例高于企业C。最后，由于履约清缴的上限是按照企业核定排放总量的20%为上限，所以对于达到清缴上限且排放基数较大的企业，有无清缴上限政策对于企业的配额成本影响极大。

表 6-3 碳排放政策配额下降情境下企业配额成本

公司	企业A		企业B		企业C	
年份	2019	2020	2019	2020	2019	2020
配额盈缺/万tCO_2						
基准值	−26.3511	−14.8852	−15.0904	14.81715	−12.8607	26.57155
情境1	−29.2921	−18.3818	−16.0786	13.90794	−42.5256	−1.31009
情境2	−38.7864	−26.7675	−28.6097	1.881676	**−80.005**	−37.0185
情境3	−45.9216	−33.5819	−35.6808	−4.9099	−97.5254	−53.7629
配额成本/万元						
基准值	**−995.52**	**−552.98**	**−550.38**	**666.77**	**−257.21**	1195.72
情境1	**−999.20**	**−714.70**	**−596.08**	**625.86**	−1421.58	**−26.20**
情境2	−1011.06	**−873.32**	**−950.59**	**84.68**	−3155.00	−1243.23
情境3	**−995.52**	**−858.47**	**−933.69**	**−98.20**	−3396.50	−1917.24
更换燃气机组成本收益分析/万元						
基准值	−3470.53	−4682.26	−2047.32	−3059.65	−106882	−102124
情境1	−3466.85	−4520.54	−2001.61	−3018.73	−105718	−100902
情境2	−3454.98	−4361.92	−1647.1	−2477.55	−103984	−99685.4
情境3	−3470.53	−4376.77	−1664	−2294.68	−103743	−99011.4

注：1.配额成本计算时，5%的配额用CCER进行清缴；2.黑色代表已经超过清缴上限20%，以配额盈缺为实际缺口，配额成本为按配额总量20%清缴；3.CCER成本为20元/t，市场配额购买价格为45元/tCO_2；4.煤炭发电电价采用地方标杆上网电价。

（3）燃气机组成本收益

在配额清缴成本分析的基础上进一步核算同等供电量情况下的燃气供电成本。根据国务院发展研究中心和中国石油协会测算，在各地发电用气价格为2.2～2.7元/m^3的气价水平下，我国典型地区燃气电厂发电成本为0.56～0.58元/（kW·h）（燃料成本占比70%～75%），气电机组要想保本，电价须达到0.6元/（kW·h）左右。因此，情景分析中燃气成本设定为0.6元/（kW·h），煤炭发电成本采用地方标杆上网电价，即企业B所在地为0.39元/（kW·h），企业C所在地为0.25元/（kW·h），企业A所在地为0.41元/（kW·h）。表6-3的下半部分为更换燃气机组的成本收益。在更换燃气机组的条件下，从经济成本收益分析角度来看，燃气机组所节约的配额清缴费用远远小于燃气机组的发电成本，这主要是由于燃气机组发电成本高于燃煤机组0.2～0.3元/（kW·h）。

（4）“欧盟”配额政策情境

在最后一部分的碳交易市场情境分析中，基于欧洲碳市场第三阶段、第四阶段的政策，调整了免费配额政策、配额市场价格和配额上限政策。具体来说为：①根据碳市场价格预测，预计2025年中国碳排放市场价格均价将达到80元/t；②调整煤炭和燃气机组发电成本差距在0.2元/（kW·h）；③模仿欧洲ETS市场发电行业政策，调整免费配额比例从100%完全免费到50%拍卖，最终到全部竞拍；④仿照欧洲碳市场第四阶段政策，取消CCER抵偿比例、取消清缴上限。在以上条件下，分别计算了3家典型企业的配额缺口、配额清缴成本以及更换燃气机组的净收益。图6-6和图6-7分别展示了3家企业情境模拟的结果。

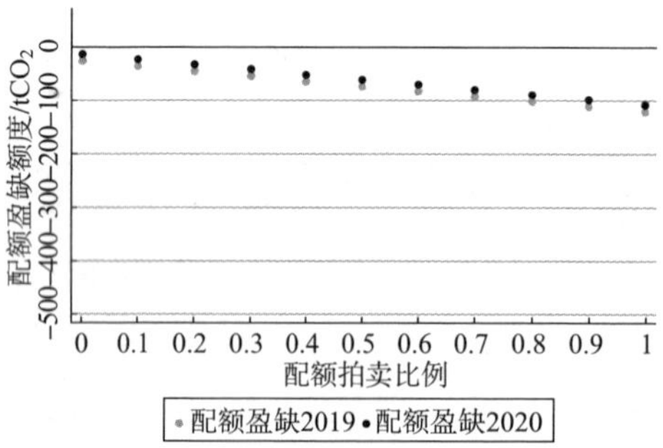

（a）企业A

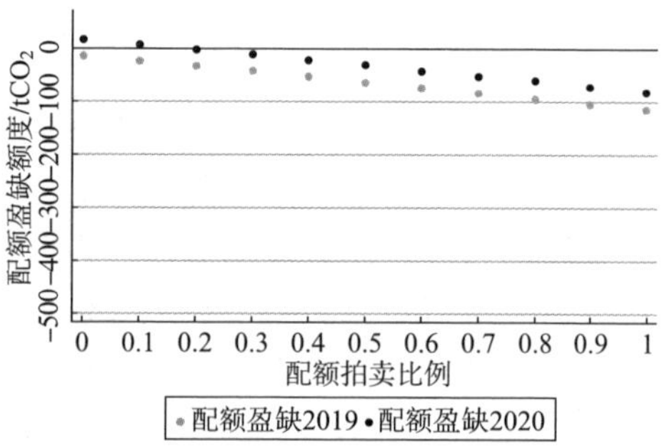

（b）企业B

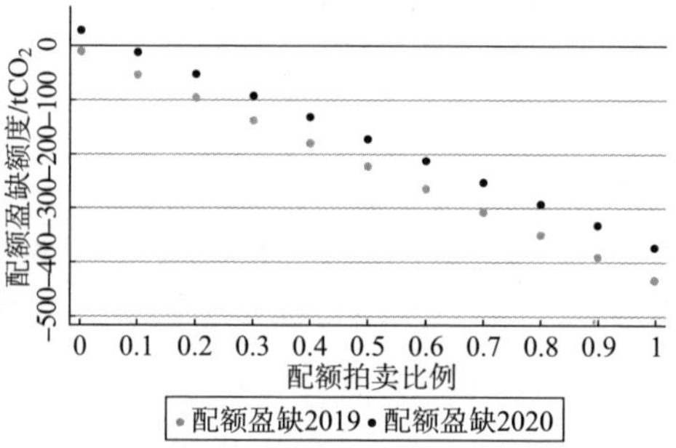

（c）企业C

图 6-6　拍卖比例调整与配额盈缺情境模拟

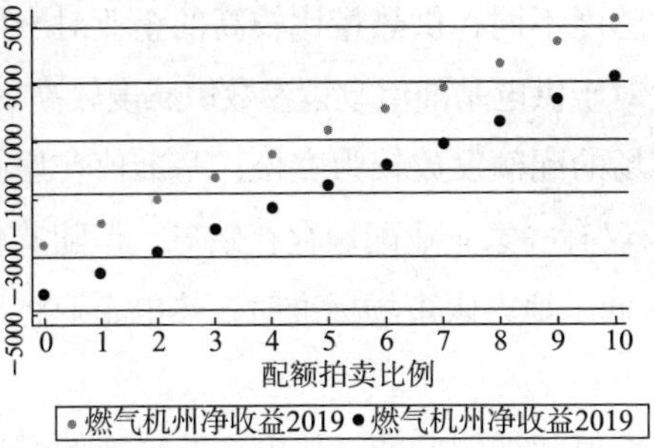

（a）企业A

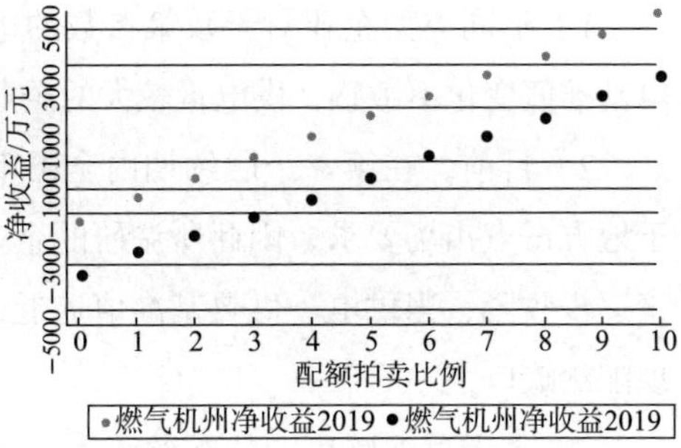

（b）企业B

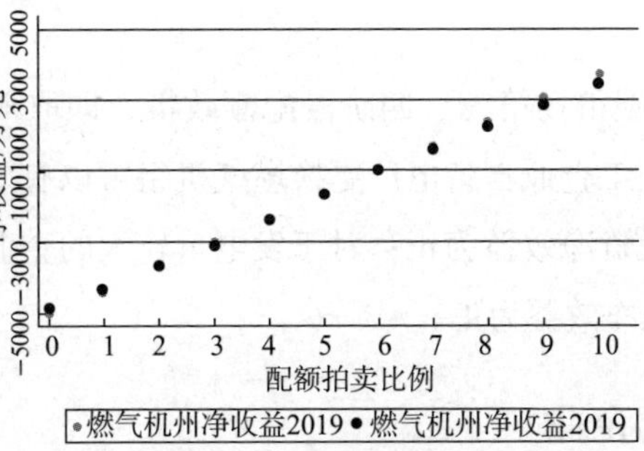

（c）企业C

图 6-7　拍卖比例调整与更换燃气机组的成本收益分析

从配额缺口角度来看，当企业配额免费发放额度为80%～90%时（拍卖比例为10%～20%时），企业B和企业C开始出现配额缺口。以2020年为例，随着免费配额比例下降，当拍卖比例达到50%时，企业B配额缺口达到35万/tCO_2，等价于（此政策情境下的）2800万元清缴费用，而通过更换燃气机组可以为该企业提升净效益481万元；企业A配额缺口为61万t，等价于4800万元清缴费用，但更换燃气机组净效益仍为−580万元。针对企业B和企业A两家企业，当配额拍卖比例达到50%～60%时，两家企业安装燃气机组发电的净效益为正。对于企业C来说，该企业在2019年和2020年发电量分别为30亿kW·h和28亿kW·h，发电量远远大于企业B和企业A，因此配额清缴成本远远小于燃气发电机组发电成本增量。当碳市场免费配额额度全部取消，企业需要在市场中购买全部配额时，安装燃气机组可以给企业B和企业A带来的净效益分别为4426万元和3158万元。

通过对热电企业的配额交易和机组更换成本收益进行分析，可以得出以下几点一般性结论：

1）不同类型企业对于政策参数的敏感度不同，供热量比较高的企业对于供电基准值变化不敏感；供电量较大的企业对于供电基准值政策参数敏感度较高。

2）目前，在第一个履约期内全国市场的配额发放较为宽松，基准值普遍高于地方试点市场要求，因此所调研的企业仅有一家企业配额存在缺口。但随着政策逐步收紧，当供电、供热基准值逼近或低于地方碳市场标准时，热电企业将出现配额缺口。

3）基于目前碳市场的配额政策、基准值和抵偿标准，热电企业更换燃煤机组虽然可以有效地降低排放量，但更换燃气机组的经济成本远远大于配额清缴成本。

4）当采用欧盟碳市场第三、四阶段配额政策，即取消抵偿机制、配额全部拍卖分配等政策，化工企业自备电厂更换燃气机组可以有效地降低碳配额市场清缴成本，燃气机组投资净效益为正；对于发电量较大的企业，由于燃气机组发电成本过高，很难实现净效益为正。

6.2.2 炼化企业

根据潜在的控排技术和典型减排案例经济效益参数，本小节计算了减排技术的平准化减排成本，提出了评估减排技术经济效益的核算方法。

针对化工板块，根据发展改革委于2025年公布的《国家重点节能低碳技术推广目录》，检索了260项重点节能减排技术，针对适用于化工板块的减排技术，共找出相关减排技术17项（见附录2）。

以炼化企业能源平衡与优化调度技术为例，该技术是炼化行业挖掘数字节能潜力、推动智能制造、实现节能提效的有效技术。该技术是指在企业具备能源计量检测仪表和DCS自动化系统的支撑下，通过大型实时数据库，采集各种生产和能源数据，建设能源综合监控系统平台，并采用能源产耗预测、能源管网模拟、能源动态优化调度等核心技术，建立能源产耗预测模型、能源管网模拟模型和能源系统优化调度模型，在能源平衡与优化调度平台上自动给出各种能源介质的优化调度和分配方案，实现工业企业主要能源系统（燃料气、氢气、蒸汽、电力、水系统等）的优化调度和运行，提高企业能源综合利用效率和能源管理水平。该技术的建设规模针对国内最大的2000万t/a原油炼制能力的炼油企业的37套装置及其能源系统，实施能源平衡与优化调度系统，建设条件需要企业具有DCS系统。

主要设备为流量计、服务器、服务器与DCS系统通信的OPC接口、能源平衡与优化调度软件等。预计技术改进投资额为1500万元，建设周期为2年，年节能量为10370tCE，年减排量为27377tCO_2。以项目运行10年为期，前期建设两年，折现率为0.05，该项目平准化碳减排成本核算公式如下：

$$投资总额=\sum_{3}^{12}\frac{P\times(年减排)}{(1+r)^t}$$

式中，r为折现率；t为项目年限；P为碳价格。

经过计算得出，该项目核算平准化碳减排成本约为78元/t/CO_2。

通过对部分企业典型减排案例的调查和核算、研究，进一步给出了炼化行业节能减排技术的经济成本效益评价方法，见表6-4。

表 6-4　炼化行业节能减排技术的经济成本效益评价方法

1	确定减排技术的核心技术参数：减排技术条件、减排投资额（I）、温室气体年度减排量（A）、建设年限（t_0），运行年限（t_e）以及节能技术运营维护成本（M）
2	核算平准化碳减排技术成本：$P=\frac{1}{A}\times\left[\frac{Iv+M}{\sum_{(t_0+1)}^{t_e}\frac{1}{(1+r)^t}}\right]$
3	比较目前碳市场价格与平准化碳减排技术成本，评估技术的经济效益

综上所述，企业管理者可以通过比较潜在减排技术的成本与碳价，评估该技术的经济效益并考量该技术的采用时间点。

6.3 欧盟碳市场企业交易活动案例

在以上的分析中，发现参加碳市场交易可以有效地帮助企业降低排放成本，帮助识别节能减排技术的经济可行性。通过网络文本搜寻方法获取了欧洲碳交易市场5257家排放企业的交易数据，根据每个排放企业配额分配量与清缴量之间的关系，共分为以下几类企业，见表6-5。

表 6-5 欧洲碳排放市场中排放企业分类

项目	配额存在盈余	配额清缴平衡	配额存在缺口
交易净收益>0	2359	0	62
交易净收益=0	1267	44	0
交易净收益<0	339	4	1182

根据表6–5，5257家欧盟碳市场排放企业可以分为7个类型。在配额存在盈余的排放企业中，参与配额交易最终获得配额收益的排放企业共有2359家，占到所有排放企业的44.87%；没有获得配额收益的排放企业共有1267家，占到所有排放企业的24.10%；参与配额交易但最终产生经济损失的排放企业共有339家，占到6.45%。相比之下，配额清缴平衡的排放企业较少，只有48家，其中参加配额交易的企业没有获得任何收益和收益为负的排放企业分别有44家和4家，分别占所有排放企业的0.84%和0.08%。在配额存在缺口的排放企业中，参与配额交易最终获利和亏损的排放企业分别有62家和1182家，分别占到所有排放企业的1.18%和22.48%。从表6–5中可以看出，欧洲碳排放企业参与碳市场交易并从碳交易中获利的企业共2421家，占46.1%，参与碳交易但净亏损的企业共1525家，占29.0%。对于配额盈余的企业（3965家），其中仅约有60%的企业实现配额交易盈利；而对于配额存在缺口的企业，有约95%的企业在配额交易市场中无法实现盈利。为进一步总结每一种类型企业交易活动特征和交易管理策略，进一步对每一类企业找寻典型企业进行配额交易管理策略分析。

第一类企业，配额盈余且交易净获利型。企业的总体配额量分配过剩，排放企业通过碳交易最终实现交易净收益为正。在这类企业中，德国的钢铁生产企业ThyssenKrupp Steel Europe AG公司在碳交易市场盈利最大，图6–8给出了该企业在不同阶段的配额交易活动。

从该公司的历史交易数据来看，公司在履约期初期并没有进行频繁交易活动，但是该公司利用配额分配时间点、履约期时间特征以及市场价格波动规律获得了巨大利润。具体来说，该钢铁公司在三个履约期的交易策略为：①在2006年4月完成第一次配额清缴后，在碳价最高点时卖出了余下全部盈余配额；②在第二个履约期用提前发放的第三次发放的配额完成清缴；③在第三次履约期前欧洲ETS市场碳价跌至最低点，该公司几乎以0元价格买入用于第三次履约的配额。如图6–8所示，最终在欧洲ETS市场第一阶段结束时该钢铁公司累计获得约5.12亿欧元的收益。该公司准确预期到了碳价格高开低走的态势，在少量的交易次数内获得巨额的利润。

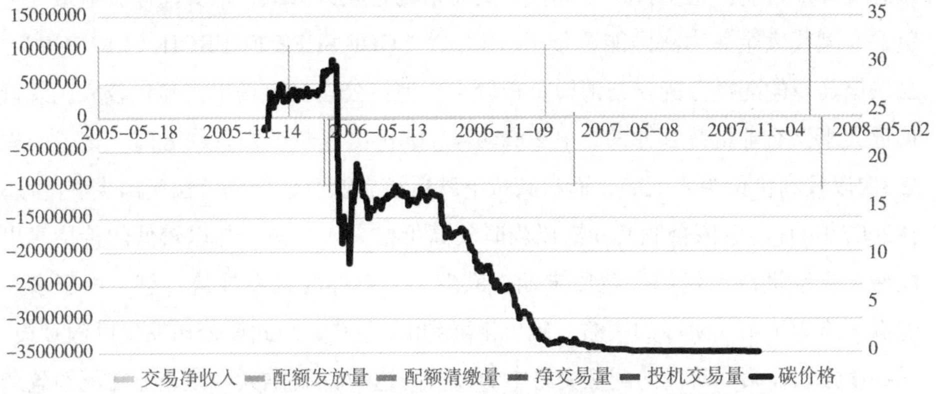

图 6-8　ThyssenKrupp Steel Europe AG 公司第一阶段配额管理模式活动数据（彩图见彩插）

第二类企业，配额有盈余但交易未获利型企业。与第一类企业类似，配额分配总量大于整体阶段的排放量，但由于这些企业在市场中的配额交易并不活跃，因此在交易过程中净收益几乎为零。其中典型代表企业为法国的化工生产企业VERSALIS FRANCE SAS公司。该公司在整个阶段拥有最多的配额盈余（94万t），但该企业在碳交易市场只进行接受配额与清缴，除此之外并没有进行任何市场操作，使得配额盈余并未给该企业带来任何收益。图6-9为该企业在碳市场交易的活动数据。

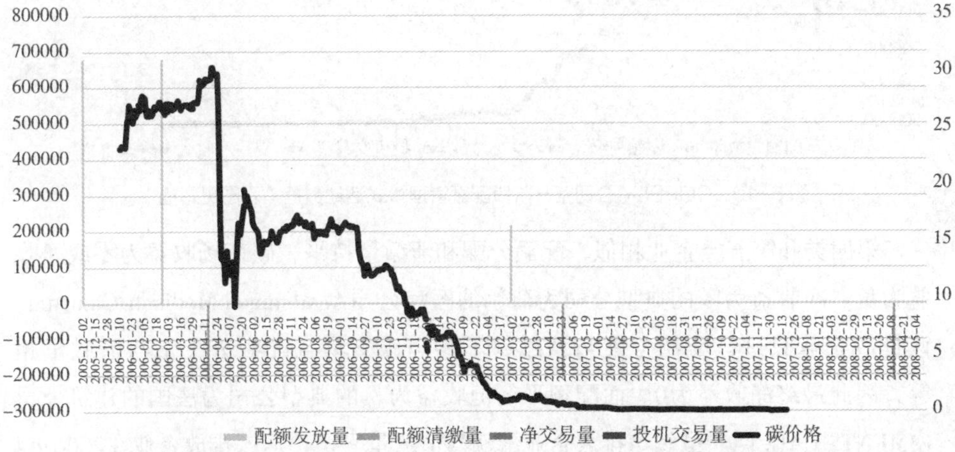

图 6-9　VERSALIS FRANCE SAS 公司第一阶段配额管理模式活动数据（彩图见彩插）

第三类企业，配额盈余但交易净利润为负的企业。与之前两类企业类似，配额总量分配过剩。这类排放企业在碳交易市场中较为活跃，但交易净收益最终为负，典型代表企业为法国能源公司COFELY（GDF SUEZ ENERGIE SERVICES）。虽然该公司的配额分配量与清缴负担较小，但该公司在市场中交易量较大，总量远远大于该企业的配额总量。在2006年4月碳价出现断崖式下跌之前，该企业先后3次以较高价位买入配额，而在碳价下跌后该企业以较低的价位卖出少许配额；在2007年4月前后该企业又一次以当时较高价格买入配额，却以较低的价格卖出配额；在欧洲碳市场第一阶段末期，欧洲市场整体配额发放量过剩，由于多余配额不能用于第二阶段的清缴，碳价格降到0元左右，因此该公司发生巨额亏损，最终该公司在第一阶段的配额交易中的亏损高达约8.1亿欧元。该企业在配额盈余的情况下发生配额交易亏损的主要原因是对碳市场价格形势的误判而使交易频繁出错。图6-10为该企业在碳市场交易的活动数据。

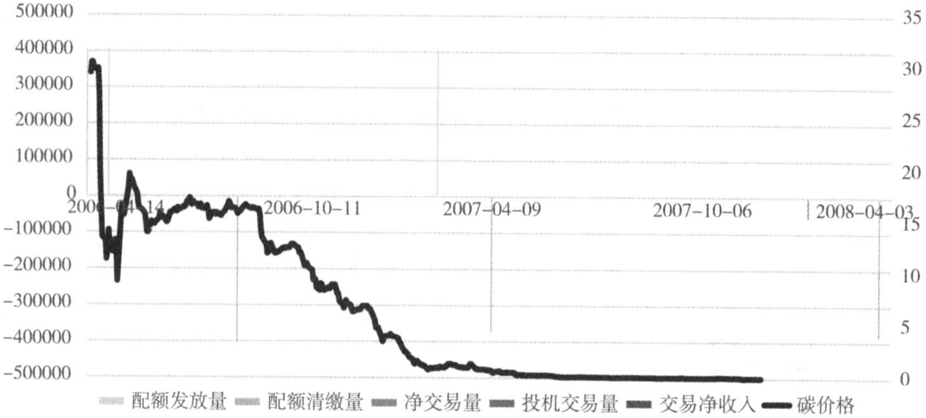

图 6-10　COFELY 公司第一阶段配额管理模式活动数据（彩图见彩插）

第四类和第五类企业相似，配额分配和清缴量持平，碳市场收益为零或净收益为负。净收益为零的典型公司为荷兰的医疗公司AcademischMedisch Centrum。该排放企业只进行配额分配与清缴，不参与碳交易且配额分配量与清缴量相等，因此最终净收益为0。而配额平衡但收益为负的典型公司为法国的建筑公司CIMENTS CALCIA。虽然该排放企业配额与清缴量平衡，但该排放企业在2006年4月碳价大跌前以高价买入大量配额。随着第一阶段后期配额价格一路走低，第一阶段结束时卖出的配额基本没有带来任何收益，反而带来了巨额亏损。图6-11分别为两家公司在碳市场交易的活动数据。

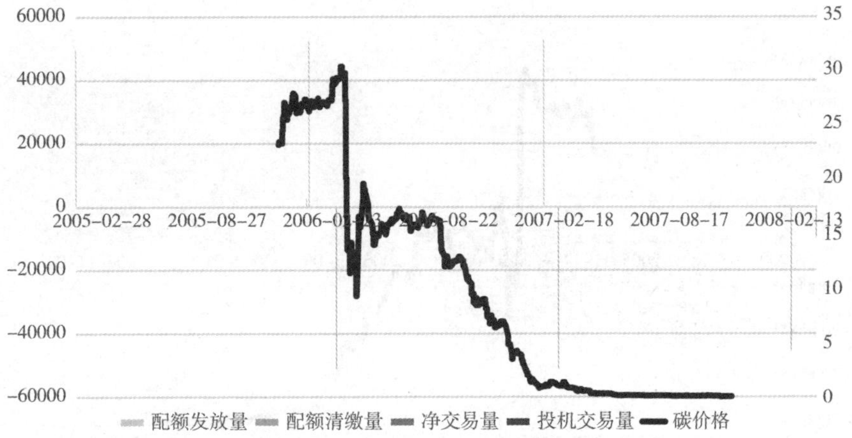

（a）AcademischMedisch Centrum

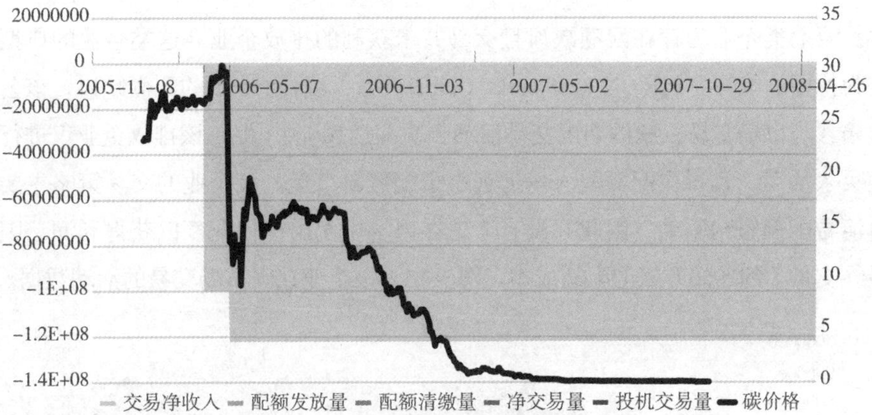

（b）CIMENTS CALCIA

图 6-11　AcademischMedisch Centrum 公司与 CIMENTS CALCIA 公司第一阶段配额管理模式活动数据（彩图见彩插）

第六类企业为存在配额缺口但通过交易获利的排放企业。这类企业的典型代表为德国的SCHWENK Zememt KG公司。该排放企业在整个第一阶段配额缺口为14万t，但企业在2005年下半年欧盟碳价最高点时卖出了该企业的部分配额，在2006年碳价下跌后陆续买回了配额，实现了330万欧元的交易收益。图6-12为该企业在碳市场交易的活动数据。

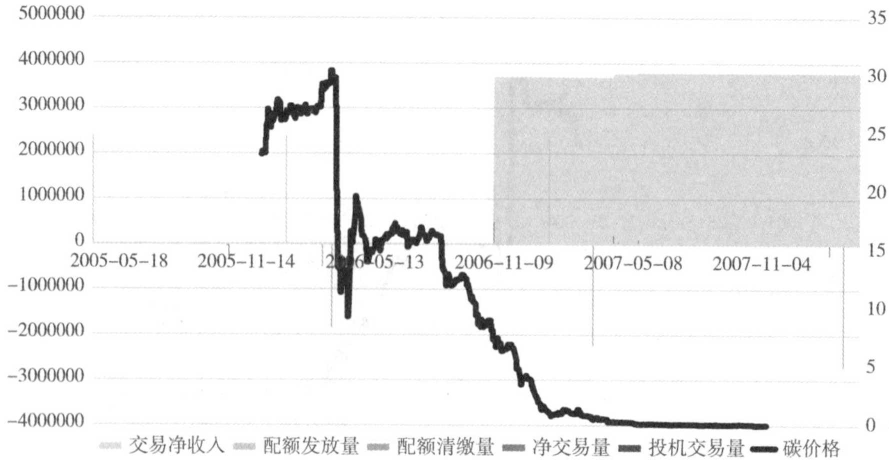

图 6-12　SCHWENK Zememt KG 公司第一阶段配额管理模式活动数据（彩图见彩插）

第七类企业为存在配额缺口且交易并未获利的排放企业。这类企业的典型代表为德国的能源公司E.ON Kraftwerke GmbH。为了填补810万t的配额缺口，该公司频繁参与市场交易，履约期内交易活动频次高达106次。但是该排放企业仅进行配额买入活动，且每次配额购入量远远小于配额缺口量。该企业的交易策略主要是由清缴配额履约驱动，因此并没有考虑在市场中卖出任何配额以获得利润，因此最终支付了约2950万欧的配额成本。图6-13为该企业在碳市场交易的活动数据。

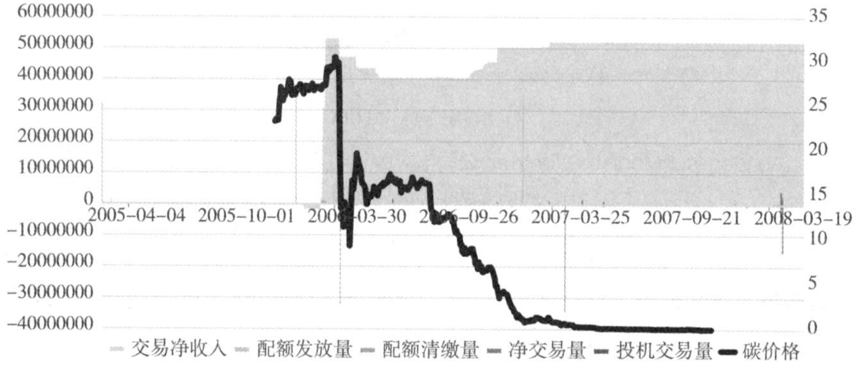

图 6-13　E.ON Kraftwerke GmbH 公司第一阶段配额管理模式活动数据（彩图见彩插）

从以上欧盟碳交易市场排放企业交易活动的典型案例可以总结出，通过有效的市场预测和适当的碳市场交易活动可以有效地帮助企业降低碳市场交易成本，甚至实现转亏为盈的局面；同时，对于碳价走势的误判或缺少碳资产管理活动，会增加企业碳排放成本或市场交易成本。根据以上典型企业的成功与失败案例，总结出排放企业参与碳市场交易的几点经验：

1）无论是配额存在盈余还是缺口，企业都应当积极参与碳市场交易，企业内部设立负责研究碳市场的相关部门，不能仅仅以清缴配额缺口作为驱动力参与碳市场交易。

2）无论是配额存在盈余还是缺口，碳市场交易能否盈利取决于企业对于碳市场价格波动的预判，而价格预判取决于对于整个碳市场配额供需关系的掌握，以及对宏观经济发展和能源供给形势的预判。

3）碳排放交易企业应当深入研究碳市场交易政策和规则，合理利用配额交易规则、时间规则以及各种金融工具。

第七章

碳资产管理模式建议

PART 7

7.1 碳资产管理模式建议

基于研究，本书进一步提出了关于降低碳交易成本的碳资产管理模式建议。值得说明的是，企业碳资产管理既取决于企业管理中的组织行为和规范化管理流程等内部因素，也取决于市场价格、排放量和配额存量等外部因素。图7-1展示了降低碳交易成本的碳资产管理模式框架。

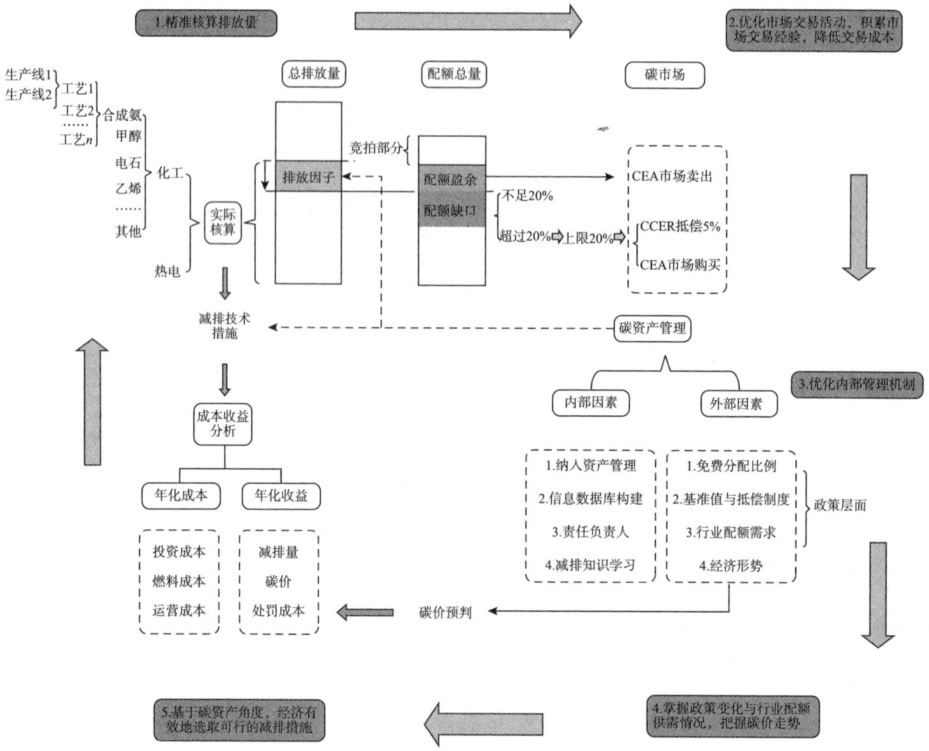

图 7-1　碳资产管理建议

第一，在碳资产管理中，企业应全尺度精准把控温室气体排放总量和排放变化趋势。碳资产盈亏最主要取决于企业的配额和排放量，而企业对于排放总量的全尺度建账和实时追踪是企业碳资产管理的重要数据保障。首先，通过对比热电企业固定排放量和配额监管范围内的排放量，发现两者排放数据大体一致。因此，在目前的排放核算体系下，排污许可系统中的固定排放的历史数据可以有效地帮助经营者监控、预测各个排放单位的历年排放情况和综合排放强度水平。其次，在基准值配额分配规则下，企业的配额盈缺情况主要取决于企业排放强度和政策基准值，而政策基准值的制定主要参考行业平均水平。因此，管理人员需要及时对比行业平均排放强度和集团各个排放单位的排放强度，及时检测排放强度相对较高的排放单位，做到未雨绸缪。最后，在前期调研中发现，由于部分企业并没有对排放因子进行数据跟踪记录，部分排放单位的排放因子数值采用了国标中的默认值，因而“高估”了企业排放水平。因此，在建立全尺度的温室气体排放数据库时，管理者应当基于《排放核算指南》中的底层数据单位进行收集，以掌握各个子公司的排放因子强度和能耗效率。

第二，企业应当优化市场交易活动，积累碳市场交易经验，降低中间环节交易成本。从欧洲碳市场企业交易活动的案例可以发现，无论是配额存在缺口还是盈余，排放企业都可以通过碳交易实现碳资产盈利。首先，碳交易市场中价格呈现波动趋势，市场存在“履约效应”周期性规律，即当临近履约期时，配额存在缺口的企业集中开始交易，造成短期配额短缺，但是从整个履约期来看，配额供需相对平衡甚至富余，因此，部分企业通过配额履约期的时效性实现套利，而配额短缺的企业不得不以较高的价格完成配额清缴。其次，根据碳交易市场管理规定，即使是同一母公司的排放企业，每个独立的重点排放单位间不能随意交换配额量。虽然碳配额可以通过协议定价的方式在企业间进行合同转让，但是碳交易市场设定了协议价格的最低下限，即大宗交易（10万t以上）涨跌上下限制为上一交易日交易价格的±30%，挂牌协议交易（小于10万t）价格涨跌上下限制为上一交易日交易价格的±10%。因此，集团内部排放企业间的配额转让也需要在市场价格较低点通过协议进行，而不应在临近履约期的高价位时进行。最后，根据生态环境部颁布的《碳排放权登记管理规则（试行）》《碳排放权交易管理规则（试行）》和《碳排放权结算管理规则（试行）》，碳市场交易中存在许多交易规则，比如当日买卖次数、排放权登记、最大持仓量限制制度、涨跌幅限制制度和大户报告制度等。因此，企业专门从事碳市场交易活动的业务人员需要熟知市场交易法律法规，并具备一定的交易经验。此外，企业在购买或使用CCER时，同样需要排放企业提前了解CCER供应商资质、抵偿政策等，并与优质、可靠的CCER供应商建立长期合作机制，降低市场风险。综上所述，在碳市场建立初期，管理人员应当通过小规模、适当频次的交易活动熟悉碳市场交易法规政策和市场规则，积累碳市场交易经验，避免碳市场交易操作风险，预防市场价格波动带来的碳资产损失。

第三，在企业内部积极宣传、培训碳交易市场的法律法规和知识，强化碳资产管理理念，优化碳资产管理机制。碳资产风险与损失不全部来自市场价格波动和政策的不确定性，有一部分风险源于企业内部的管理问题。一方面，碳市场对于大多数排放企业来说是较为新鲜的事物，许多企业并没有参与过碳交易和碳清缴等活动，因此并没有形成对碳交易市场履约义务和法律法规的完整认识。另一方面，由于大多数企业并没有参与过配额清缴，碳配额在许多企业并不被视为无形资产，因此企业在日常运营中并没有考虑到碳市场对于企业生产成本的影响。为此，企业应当积极开展碳减排、碳市场法律法规和政策的学习与培训，将碳资产盈缺纳入企业的无形资产，在每个排放单位落实配额清缴任务的第一责任人。

第四，碳市场价格取决于市场配额供需关系，企业应当积极调研市场配额情况，掌握政策变化趋势和行业配额供需情况，判断碳市场价格趋势。控排企业的碳资产总量取决于配额盈缺量和碳市场价格，碳市场价格在很大程度上取决于碳市场政策，这些政策参数包括：供电、供热基准值，未来即将颁布的化工产品排放基准值，配额免费发放比例，清缴上限比例，CCER抵偿比例，碳配额清缴、排放配额的存储等。首先，供电、供热基准系数的调整以及未来化工产品排放基准值的颁布都会影响到企业的配额总量，而不同企业的配额盈缺对于不同参数的敏感度不同，因此，需要企业或委托咨询机构调查市场中各个排放单位的特征和差异性。其次，根据全球以及欧洲碳市场的发展经历，碳市场配额分配将逐渐由免费发放过渡到全部拍卖发放，如欧洲电力行业的全部配额均需要通过拍卖获得。在本章的定量模型分析中，当配额免费发放比例为50%左右时，部分热电企业燃煤发电成本将高于燃气机组发电成本。再次，目前在全国碳市场建设初期，我国依然采用了相关政策帮助企业在碳交易市场过渡，如清缴比例上限（20%）、CCER抵偿比例等，但随着减排压力递增和市场逐渐成熟，我国碳交易市场大概率会逐步收紧CCER抵偿比例和放宽清缴比例上限，这势必会增加高耗能、高排放企业的清缴成本。复次，目前碳交易市场的许多制度仍在建立中，如配额储存、碳金融工具等。从欧洲碳交易市场发展经验来看，碳配额存储和碳金融等工具具有稳定碳价、维持市场秩序、提高市场交易活跃度等作用。最后，碳市场和配额的政策变化对于整个市场的配额存量和配额供需关系起到了举足轻重的作用，掌握政策变化、调研整个市场配额存量和需求量可以帮助企业有效地预估市场价格波动规律，降低交易成本甚至带来交易收益。

第五，在企业碳资产管理中，应当积极运用碳资产收益评估的方法选取经济、可行的减排技术。对于企业运营来说，任何投资都是需要计算成本收益的，碳资产评价方式可以有效地帮助企业衡量备选的节能减排技术的经济有效性。一方面，企业决策者可以将减排技术的减排潜力、投资成本转化成碳资产价值，与配额清缴成本进行比较；另一方面，节能减排技术带来的碳资产增值可以提升减排措施的评估价值，激励排放单位选用减排技术。

第六，从“双碳”目标出发，制定实现“碳中和”发展路径的中长期计划，积极寻求能效升级和清洁能源替代技术，对生产线改造和产品升级等进行提前部署。碳市场交易是帮助排放企业降低减排成本的市场政策，但实现“碳达峰碳中和”的中长期发展目标仍需要企业积极推进节能减排技术，加快工业生产流程电气化，提高电力系统可再生能源的比例，以应对未来碳价大幅上涨产生的排放成本，提高企业的核心竞争力。以欧盟碳交易市场为例，在电力供应短缺和俄乌冲突等冲击下，欧盟碳市场价格在2022年夏天最高攀升到98欧元/t。研究报告显示，第四阶段（2021—2030年）的年配额递减比例、CDM抵消比例下降，以及市场配额储备失效等机制下，欧盟碳市场价格有望保持在100欧元/t以上。目前，我国碳市场价格已涨至100元/t左右，但仍然远低于国际碳市场价格。在《巴黎协定》框架下，中国2025年需要第一次提交国家自主贡献减排目标的执行评估，2030年需要实现碳达峰目标。因此，在未来的5年内，全国碳市场政策将会进一步收紧，免费配额比例将下降并逐步降低排放系数，而各个科研机构和金融机构均预测全国碳市场价格在2030年以前将突破100元/t。综上所述，在欧美联合推进碳关税的背景下，从碳达峰碳中和的长远目标出发，做好低碳发展规划，在能效技术、能源替代、产品升级、生产线改造等方面提前部署，为未来可能的碳价大幅上涨做出适当的准备，提升企业的竞争力。

7.2 结语

在“碳达峰碳中和”的重大发展战略背景下，我国企业高度重视“双碳”目标的实现，统筹转型升级与减碳进程、结构优化与碳排放控制。本书对碳市场的背景和意义、理论基础、绿色金融投融资政策体系等进行了研究，调研并收集了炼化和热电各企业的碳排放量和碳配额，测算配额缺口情况；选取典型试点企业对碳交易成本节约进行量化分析，并提出优化解决方案；分析、跟踪全国碳市场价格变化趋势和碳资产管理中的风险，提出中国碳资产管理模式建议和解决方案。通过文献和数据调研，详细分析了我国石化和热电企业的碳交易、碳减排成本，提出了帮助企业管理层评估备选减排技术经济效益的评价流程。本书通过研究，主要得到以下结论：

1）全国碳交易市场处于建立初期，第一个履约期内仅纳入发电行业且设定的供电、供热基准值均高于地方试点标准，清缴上限、抵偿机制等各种政策在一定程度上能够帮助企业降低第一个履约期配额清缴成本。因此，第一个履约期内市场配额较为充裕，价格处于平稳调整阶段。但是，为了避免履约期效应，即履约期临近集中购买碳配额造成短期市场供需失衡问题，排放企业应当提前核算配额缺口，积极参与碳市场交易，通过CCER抵偿机制、集团内部协议转让等市场机制，降低碳配额交易成本。

2）在目前的配额核算和分配政策下，免费配额分配比例、供电和供热基准值决定了企业配额盈缺状况，而企业发电量对于企业的配额盈缺情况影响不大，但会影响企业最终配额清缴成本。根据定量模型显示，不同类型企业对政策参数调整的敏感度存在较大差异，调整免费配额比例对所有企业的配额盈缺情况都有明显的影响，不同供电、供热类型的企业对于供电基准值调整的敏感度差异较大。

3）虽然目前炼化板块并没有被纳入全国碳排放交易市场，随着碳市场的扩容，八大排放行业将逐步被纳入碳市场。届时，随着越来越多的企业参与到配额清缴，配额供需关系将发生变化，碳市场价格预期将稳步提升。针对炼化板块的配额分配，分配计算方法大概率以行业产品基准线法为主；小部分较为复杂的产品和工艺，则会在市场初期考虑历史强度法进行过渡。

4）根据目前全国碳市场的运行情况，以及对于控排的继续从严，预计碳价格未来将大概率出现上涨，在2025年左右全国碳市场价格将上涨至80元/t，2030年达到将近100元/t。在投资节能减排技术时，排放企业应当考虑减排投资项目在未来碳价区间下的投资净收益。根据欧洲碳排放市场的经验显示，在碳市场建立成熟后，免费配额比例将逐步下降并转换为全部拍卖，并取消抵偿机制和清缴上限；目前，已有部分试点碳市场（例如上海）通过竞价等方式调节碳市场价格和配额存量。通过定量模型模拟分析显示，在模拟欧洲政策情景下（全部拍卖、无抵偿机制、无清缴上限等），所调研的3家典型企业都会发生较大的配额缺口。在碳价80元/t时，若免费比例为80%，3家典型企业2019—2020年的配额均存在缺口，若免费比例下降到50%左右，燃气机组的经济成本与燃煤机组相当。对于某些发电量较大的企业来说燃煤机组依然是经济成本最低的。

5）从欧洲企业碳交易案例来看，决定碳市场交易收益的最重要因素是企业对于碳市场价格的预判和交易操作。企业在进行碳资产管理时不应当仅局限于本企业的配额情况，排放企业需要对政策变化、碳配额总量等市场和行业信息全面掌握，才能有效地预测市场风险。

6）根据文献和报告发现，现阶段影响企业碳资产管理的重要风险因素包括碳价波动、配额政策调整以及外部环境政策风险。其中，碳价波动来自市场政策调整、市场配额总体供需关系以及履约期效应，市场政策如竞价分配、配额转存、碳金融衍生工具等都会潜在提升市场碳价。

7）通过以上研究，本书对于企业碳资产管理提出了建议，具体包括：①在碳资产管理中，企业应当精准把握企业排放总量和排放变化趋势；②企业应当优化市场交易活动，积累碳市场交易经验，降低中间环节交易成本；③积极推动企业上下对于碳减排、碳市场的认识，优化企业内部碳资产管理机制；④碳市场价格取决于市场配额供需关系，企业应当积极调研市场配额情况，掌握政策变化趋势和行业配额供需情况，判定碳市场价格趋势；⑤在碳资产管理中，企业应当积极运用碳资产收益评估的方法选取经济、可行的减排技术。

碳交易十问十答

1. 什么是碳交易市场？

答：碳交易市场全称是碳排放权交易市场，指将碳排放的权利作为一种资产标的来进行公开交易的市场。

2. 碳交易市场的运行机制是怎样的？

答：首先，政府确定整体减排目标，采取配额制度，先在一级市场将初始碳排放权分配给纳入交易体系的企业，企业可以在二级市场自由交易这些碳排放权。其次，受到经济激励、减排成本相对较低的企业会率先进行减排，并将多余的碳排放权卖给减排成本相对较高的企业并获取额外收益。减排成本较高的企业则通过购买碳排放权来降低碳排放达标成本。

3. 我国碳交易市场发展历程是什么？

答：自2011年10月以来，在北京、天津、上海、重庆、湖北、广东、深圳等地开展了碳排放权交易地方试点工作积累经验。2021年7月16日，全国碳交易市场正式上线交易。

4. 全国碳交易市场架构是怎样的？参与者是谁？

答：全国碳交易市场建设采用“双城”模式，即上海负责交易系统建设，湖北省武汉市负责登记结算系统建设。电力行业是碳排放交易市场的先行军，首批纳入发电行业重点排放单位共计2225家，约占全国碳排放总量的40%，首个履约周期截至2021年12月31日。

参与者为控排企业和其他合规主体。根据《碳排放权交易管理规则（试行）》，符合国家规定的机构和个人未来可能参与交易，但目前以重点排放单位为主。

5. 后续还有哪些行业将纳入全国碳市场？

答：未来，建材、有色金属、钢铁、石化、化工、造纸、航空等高排放行业将有望被纳入。

6. 个人投资者能参与全国碳交易市场吗？

答：根据相关规定，个人投资者暂时还不能参与全国碳交易市场。

7. 交易方式有哪些？交易时间是什么时候？

答：碳排放配额（CEA）交易应当通过交易系统进行，可以采取协议转让、单向竞价或者其他符合规定的方式，协议转让包括挂牌协议交易和大宗协议交易。除法定节假日及交易机构公告的休市日外，采取挂牌协议方式的交易时段为每周一至周五9：30～11：30、13：00～15：00，采取大宗协议方式的交易时段为每周一至周五13：00～15：00。采取单向竞价方式的交易时段由交易机构另行公告。

8. 交易申报数量及涨跌幅限制情况如何？

答：（1）挂牌协议方式，单笔买卖最大申报数量应当小于10万tCO_2e，成交价格在上一个交易日收盘价的±30%之间确定；（2）大宗协议方式，单笔买卖最小申报数量应当不小于10万tCO_2e，成交价格在上一个交易日收盘价的±30%之间确定。

9. 全国碳市场设立的意义是什么？它的存在又有哪些重要作用？

全国碳市场设立的意义，主要有四个方面：

一是促进绿色发展。作为一种通过市场化手段实现碳减排目标的机制，全国碳市场对于推动企业减排、实现“双碳”目标意义重大——有利于促进碳排放的隐性成本显性化、外部成本内部化。优化碳排放的空间和时间资源，激励排放实体低成本完成碳减排目标，并且由于全国碳市场需要设定强制性的碳排放总量控制目标并允许进行碳排放配额交易，因此同时具备了政策工具和市场工具两方面的优势。与行政指令（比如碳税）、经济补贴等手段相比，全国碳市场是成本更低、更可持续的碳减排工具。

二是促进创新发展。全国碳市场作为资本市场的组成部分，可以将技术和资本引入绿色低碳领域，促进先进节能低碳技术的研发和应用，并与围绕碳排放权交易、碳减排项目交易以及各种衍生品交易开展的碳金融相结合，有利于缓解企业节能减排、转型升级的融资难题。

三是促进协调发展。全国碳市场建立的抵消机制，有利于促进林业碳汇和新能源发展，由于很多的林业和新能源项目集中在中西部地区，可以通过林业碳汇和新能源项目获得收益，在保护当地生态环境的同时，促进区域协调发展。

四是促进开放发展。我国的碳市场是全球碳市场的重要组成部分，其启动和顺利运行，有利于我国深度参与全球气候治理、构建人类命运共同体，提升话语权和影响力。

10. 全国碳市场的价格信号机制如何理解?

全国碳市场设立的最重要意义在于其信号显示机制，具体来说，至少有以下两重含义：

第一重含义，它是向全社会乃至全世界，以持续的信号来显示我国减少碳排放的决心和努力。因为全国碳市场上的交易是持续的，因而相关报道也会是连续不断的。这对国内社会来说是一个持续宣传过程；而对于国际社会，全国碳市场的推出，标志着我国在采取一系列的、持续的减少碳排放行动。

第二重含义，它是一个价格信号，会对各方形成激励和约束，调动社会资源配置向低碳领域倾斜，使得企业自觉地采取行动，不断迈向碳中和目标。因为在碳价水平确定后，碳排放较高的企业就不得不通过淘汰落后产能、增加减排技术、研发替代技术的方式来降低碳排放。有了这样的碳价，金融机构就可以进行压力测试，可以预判不同企业在预期减少碳排放路径的要求下，其成本的增减情况，从而判定企业所面临的财务状况的改变和违约风险的大小。这些判断会引导金融机构自觉去平衡风险与收益，引导金融资源主动向低碳项目进行配置。

参考文献

[1] 陈润凡. 欧洲碳市场与国际能源市场相关性研究[D]. 长春：吉林大学，2022.

[2] 董萌. 政策试点视角下中国碳交易市场政策问题研究[D]. 武汉：华中师范大学，2020.

[3] 郭敏平，张翔，王遥. 基于理论机制与国际实践的全国碳市场建设建议[J]. 环境保护，2022，50（22）：25–31.

[4] 张希良，张达，余润心. 中国特色全国碳市场设计理论与实践[J]. 管理世界，2021，37（8）：80–95.

[5] Huang, Yi-Song, Zhang, et al. The multi-frequency correlation between EUA and sCER futures prices：evidence from the EMD approach[J]. Fractals：An Interdisciplinary Journal on the Complex Geometry of Nature, 2015, 23(2): 1550020.

[6] Tan X, Sirichand K, Vivian A, et al. How connected is the carbon market to energy and financial markets? A systematic analysis of spillovers and dynamics – ScienceDirect[J]. Energy Economics, 2020, 90(8): 104872.

[7] 李谊. 碳排放权交易定价影响因素的实证研究[J]. 价格理论与实践，2020（6）：146–149.

[8] Holtsmark B，Maestad O. Emission trading under the Kyoto Protocol—effects on fossil fuel markets under alternative regimes[J]. Energy Policy，2002，30（3）：207–218.

[9] Kim H S, Koo W W. Factors affecting the carbon allowance market in the US[J]. Energy Policy, 2010, 38(4)：1879–1884.

[10] Creti A, Jouvet P A, Mignon V. Carbon price drivers：Phase Ⅰ versus Phase Ⅱ equilibrium?[J]. Energy economics, 2012, 34(1)：327–334.

[11] Chevallier J. A model of carbon price interactions with macroeconomic and energy dynamics[J]. Energy Economics, 2011, 33(6)：1295–1312.

[12] Mansanet-Bataller, Maria, Pardo, et al. CO_2 Prices, Energy and Weather[J]. Energy Journal, 2007, 28(3)：73–92.

[13] International Carbon Action Partnership(ICAP). Emissions Trading Worldwide：status Report 2022[R]. Berlin：ICAP, 2022.

[14] 张晶杰，王志轩，雷雨蔚. 欧盟碳市场经验对中国碳市场建设的启示[J]. 价格理论与实践，2020（1）：32–36，170.

[15] 张锐. 欧盟碳市场有哪些经验？[N]. 国际金融报，2021-05-16.

[16] Paul W.Carbon Finance at The World Bank[R]. Washington USA：The World Bank，2006.

[17] 刘殊呈，粟科华，李伟，等. 油气上游业务温室气体排放现状与碳中和路径分析[J]. 国际石油经济，2021，29（11）：22–33.

[18] 寇佳丽. 点“碳”成金[J]. 经济，2021（12）：68–75.

[19] Diarmuid T, Roderic O. Adaptability versus certainty in a carbon emissions reduction regime：an assessment of the EU’s 2030 climate and energy policy framework[J].Review of European, Comparative & International Environmental Law, 2020, 29(2)：167–176.

[20] 樊金璐，傅仙华. 欧盟碳排放权交易体系及我国碳市场业务机遇[J]. 广东科技，2021，30（10）：58–65.

[21] 李婉君，张运东，郭艳青，等. 欧洲主要石油公司碳排放交易管理策略及启示[J]. 国际石油经济，2021，29（11）：34–42.

[22] 徐文佳，李兴春，李煜，等. 跨国公司碳资产管理启示[J]. 商业会计，2017（4）：56–57.

[23] 黄锦鹏，齐绍洲，姜大霖. 全国统一碳市场建设背景下企业碳资产管理模式及应对策略[J]. 环境保护，2019，47（16）：13–17.

[24] 张瑜. 河北省环保产业投融资问题研究[D].石家庄：河北大学，2016.

[25] 崔金星. 中国碳交易法律促导机制研究[J].中国人口・资源与环境，2012，22（8）：33–40.

[26] 杜莉，张云，王凤奎. 开发性金融在碳金融体系建构中的引致机制[J]. 中国社会科学，2013（4）：103–119，206–207.

[27] 陈波. 中国碳排放权交易市场的构建及宏观调控研究[J]. 中国人口・资源与环境，2013，23（11）：7–13.

[28] Jotzo F, Loeschel A. Emissions trading in China：emerging experiences and international lessons[J]. Energy Policy, 2014, 75(12): 3–8.

[29] Zhang D, Karplus V J, Cassisa C, et al. Emissions trading in China：progress and prospects[J]. Energy Policy, 2014, 75: 9–16.

[30] Liu L, Chen C, Zhao Y, et al. China’s carbon–emissions trading：overview, challenges and future[J]. Renewable and Sustainable Energy Reviews, 2015, 49：254–266.

[31] 易兰，李朝鹏，杨历，等. 中国7大碳交易试点发育度对比研究[J]. 中国人口・资源与环境，2018，28（2）：134–140.

[32] 孙振清，兰梓睿，唐娜. 我国碳市场信息披露问题研究[J]. 经济体制改革，2018（4）：31–36.

[33] Jiang J J, Ye B, Ma X M. The construction of Shenzhens carbon emission trading scheme[J].

Energy Policy, 2014, 75(3): 17–21.

[34] Wu L, Qian H, Jin L. Advancing the experiment to reality: perspectives on Shanghai pilot carbon emissions trading scheme[J]. Energy Policy, 2014, 75(12): 22–30.

[35] Munnings C, Morgenstern R D, Wang Z, et al. Assessing the design of three carbon trading pilot programs in China[J]. Energy Policy, 2016, 96(9): 688–699.

[36] Xiong L, Shen B, Qi S, et al. The allowance mechanism of China' s carbon trading pilots: A comparative analysis with schemes in EU and California[J]. Applied Energy, 2017, 185(pt.2): 1849–1859.

[37] 王科，吕晨. 中国碳市场建设成效与展望（2024）[J]. 北京理工大学学报：社会科学版，2024，26（2）：16–27.

[38] 钱浩祺，吴力波，任飞州. 从“鞭打快牛”到效率驱动：中国区域间碳排放权分配机制研究[J]. 经济研究，2019，54（3）：86–102.

[39] 马亚男，高学明，吴杰. 油气企业碳资产管理体系构建研究[J]. 财会通讯，2022（20）：109–113.

[40] 廖欣瑞，林梨，柯丹妮. 碳资产管理的发展实践及启示[J]. 福建金融，2022（11）：9–14.

[41] 袁谋真.“双碳”战略目标下碳资产专业化管理研究[J]. 暨南学报：哲学社会科学版，2022，44（8）：122–132.

[42] 刘晓凤. 美国区域性碳市场：发展、运行与启示[J].江苏师范大学学报：哲学社会科学版，2017，43（3）：137–143.

[43] 陈骁，张明. 碳排放权交易市场：国际经验、中国特色与政策建议[J]. 上海金融，2022（9）：22–33.

[44] 翁玉艳，张希良，何建坤. 全球碳市场链接对实现国家自主贡献减排目标的影响分析[J]. 全球能源互联网，2020（1）：27–33.

[45] Jaffe J, Stavins R N. Linkage of tradable permit systems in international climate policy architecture[R]. National Bureau of Economic Research, 2008.

[46] Fankhauser S, Hepburn C. Designing Carbon Markets. Part I: Carbon Markets in Time[J]. Energy Policy, 2010, 38(8): 4363–4370.

[47] Bohm, P, Larsen B. Fairness in a tradeable–permit treaty for carbon emissions reduction in Europe and the former Soviet Union[J]. Enviromental and Resource Economics, 1994, 4(3): 219–239.

[48] Persson T A. Linking the Northeast states of the US mitigation program to the EU Emission Trading Scheme–Implications and costs[J]. Mitigation and Adaptation Strategies for Global Change, 2009, 14(5): 399–408.

[49] 威廉·J. 鲍莫尔，华莱士·E. 奥茨. 环境经济理论与政策设计 [J]. 2版. 北京：经济科学出版社，2003.

[50] Dales J H. Pollution, property and prices[M]. Toronto：University of Toronto Press, 1968：92–100.

[51] Shishlov I, Valentin B.Ten lessons from ten years of the CDM[R]. Climate Report, 2012.

[52] Trotignon R.Combining cap–and–trade with offsets：lessons from CER Use in the EU ETS in 2008 and 2009[J].Climate Economics Chair of Paris–Dauphine University, Working Paper, 2011.

[53] 邬彩霞. 国际碳排放权交易市场连接的现状及对中国的启示[J]. 东岳论丛，2017，38（5）：111–117.

[54] 吴静，王铮，韩钰. 气候融资规模与效率[J]. 金融博览，2016（2）：10–11.

[55] United Nations Framework Convention on Climate Change. Benefits of the Clean Development Mechanism[R].Bonn：UNFCCC, 2012.

[56] United Nations Framework Convention on Climate Change. Paris agreement[EB/OL].（2015–12–12）[2021–08–01]. https：//unfccc.int/process–and–meetings/the–paris–agreement.

[57] United Nations Framework Convention on Climate Change. Standing Committee on Finance.2016 Biennial Assessment and Overview of Climate Finance Flows Reports[R].Bonn：UNFCCC, 2016.

[58] 吴怡，朱祥杰，刘迪，等. 气候投融资加速发展新生态研究[J]. 中国环境管理，2023，15（1）：74–83.

[59] 丁辉. 双碳背景下中国气候投融资政策与发展研究[D]. 合肥：中国科学技术大学，2021.

[60] 孙轶颋. 围绕碳达峰、碳中和开展气候投融资工作的路径[J]. 环境保护，2021，49（14）：12–17.

[61] 钱立华，鲁政委，方琦. 构建气候投融资机制助推地方碳排放达峰[J]. 环境保护，2019，47（24）：15–19.

[62] 谭显春，顾佰和，曾桉.国际气候投融资体系建设经验[J]. 中国金融，2021（12）：54–55.

[63] 信瑶瑶，唐珏岚. 碳中和目标下的我国绿色金融：政策、实践与挑战[J]. 当代经济管理，2021，43（10）：91–97.

[64] 裴辉儒，张颖.基于收益率与改善生态环境效率视角的碳金融风险研究[J]. 统计与信息论坛，2015，30（9）：48–54.

[65] 杜莉，张云. 如何在碳金融交易中合理界定政府与市场的关系？——理论与实证！[J]. 吉林大学社会科学学报，2015，55（1）：66–73，173.

[66] 庹永贵. 中国碳金融市场风险与定价研究[D]. 重庆：重庆大学，2020.

[67] Intergovernmental Panel on Climate Change. Sixth Assessment Report（ipcc.ch）[R]. Geneva：IPCC, 2021.

[68] 人民日报.“十四五”我国单位GDP能耗降低13.5%——加快形成能源节约型社会[EB/OL]. [2021-08-10]. http：//www.gov.cn/xinwen/2021-08/10/content_5630408.htm.

[69] 能源基金会. 中国现代化的新征程：“十四五”到碳中和的新增长故事[R]. 能源基金会，2020.

[70] 奚文怡，蒋小谦，张默凡，等. 零碳之路：“十四五”开启中国绿色发展新篇章[R/OL]. [2021-02-01]. https：//www.wri.org.cn/report/2020/11/accelerating-net-zero-transition-china_cn.

[71] 中国石化. 2020中国石化可持续发展报告[R].中国石化，2020.

[72] 北京绿色金融与可持续发展研究院，高瓴产业与创新研究院. 迈向2060碳中和——聚焦脱碳之路上的机遇和挑战[R]. 北京：北京绿色金融与可持续发展研究院，2021.

[73] 苏玲彦，姚艳霞，胡永飞，等. 化工行业碳排放配额分配方法探讨[J]. 现代化工，2021，41（10）：7-10.

[74] Committee on Climate Change. Net Zero：The UK's Contribution to Stopping Global Warming[R/OL]. London：Committee on Climate Change，2019[2021-09-06]. https：//www.theccc.org.uk/publication/net-zero-the-uks-contribution-to-stopping-global-warming/.

[75] 石敏俊，袁永娜，周晟吕，等. 碳减排政策：碳税、碳交易还是两者兼之？[J]. 管理科学学报，2013，16（9）：9-19.

[76] 张希良. 国家碳市场总体设计中几个关键指标之间的数量关系[J]. 环境经济研究，2017，2（3）：1-5，48.

[77] 段茂盛，庞韬. 全国统一碳排放权交易体系中的配额分配方式研究[J]. 武汉大学学报：哲学社会科学版，2014，67（5）：5-12.

[78] 方恺，张琦峰，杜立民. 初始排放权分配对各省区碳交易策略及其减排成本的影响分析[J]. 环境科学学报，2021，41（2）：696-709.

[79] 王梅，周鹏. 碳排放权分配对碳市场成本有效性的影响研究[J]. 管理科学学报，2020，23（12）：1-11.

[80] 袁永娜，石敏俊，李娜. 碳排放许可的初始分配与区域协调发展——基于多区域CGE模型的模拟分析[J]. 管理评论，2013，25（2）：43-50.

[81] 周晟吕. 基于CGE模型的上海市碳排放交易的环境经济影响分析[J]. 气候变化研究进展，2015，11（2）：144-152.

[82] 汪鹏，成贝贝，赵黛青. 基于两区域动态CGE模型的广东碳减排政策综合评估[J]. 生态经济：学术版，2013（2）：77-80.

[83] Zachmann G, Von Hirschhausen C. First evidence of asymmetric cost pass–through of EU emissions allowances：examining wholesale electricity prices in Germany[J]. Economics Letters, 2008, 99（3）: 465–469.

[84] Hintermann B. Market power in emission permit markets：theory and evidence from the EU ETS[J]. Environmental and Resource Economics, 2017, 66（1）: 89–112.

[85] Richstein J C, Chappin E J L, de Vries L J. Cross–border electricity market effects due to price caps in an emission trading system：an agent–based approach[J]. Energy Policy, 2014, 71（8）: 139–158.

[86] 黄薇，黄晨宏，李树青. 中国碳市场发展及电力行业参与策略分析[J]. 能源与环境，2020（1）：2–3.

[87] 任梦祎. 电力期货市场对火电企业的影响[J]. 中国电力企业管理，2019（10）：78–79.

[88] 美国环保协会（EDF），上海环境能源交易所. 2021国内碳价形成机制研究报告[R]. 上海：上海环境能源交易所，2021.

[89] 碳交易网. 国内CCER项目开发情况（统计数据）[EB/OL].2021[2021–09–06]. http：//www.tanpaifang.com/CCER/202109/0679472.html.

[90] 中国清洁发展机制网. 碳交易市场面临重整项目不规范导致发改委叫停[EB/OL]. [2017–04–06].http：//cdm.ccchina.org.cn/Detail.aspx?TId=1&newsId=67100.

[91] 陕投水电. 碳排放权交易“CCER”解读[EB/OL].[2021–09–01]. https：//xw.qq.com/amphtml/20210901A0AI6M00?ivk_sa=1023197a.

[92] Lin J, Kahrl F, Yuan J, et al. Economic and carbon emission impacts of electricity market transition in China：a case study of Guangdong Province[J]. Applied Energy, 2019, 238（4）: 1093–1107.

[93] Shapiro J S. The environmental bias of trade policy[J]. The Quarterly Journal of Economics, 2021, 136（2）: 831–886.

附录 1

《绿色技术推广目录（2024 年）》

序号	技术名称	产业类别	工艺技术内容	应用案例
一、节能降碳产业				
1	绿色高效三相异步电动机设计制造关键技术与应用	高效节能装备制造	采用不等匝绕组、定子大小槽技术，降低定子铜损耗；采用转子低压铸铝工艺技术，转子填充率达95%，有效降低转子铜损耗；采用转子闭口槽等技术，降低电机杂散损耗	案例1：迁安中化煤化工有限责任公司节能改造项目。建设规模：280台YQE5（YE5）一级能效电机，总装机2万kW。生态效益：项目年碳减排量400t。 案例2：中天钢铁集团有限公司节能改造项目。建设规模：1500台YQE5（YE5）一级能效电机，总装机10万kW。生态效益：项目年碳减排量2000t
2	ECO改性聚氨酯路面与装备关键技术	高效节能装备制造	通过拌、振、熨、布一体化成套智能铺装施工装备和免加热、免碾压连续施工工艺，实现常温拌和、连续作业，具有质量好、自动化程度高、绿色环保等显著效益	案例1：温州瓯江北口大桥路面工程项目。建设规模：摊铺ECO改性聚氨酯路面13万m^2。生态效益：项目建设期内减少碳排放650t，节约能耗260tCE，节约石料15600t。 案例2：闵浦大桥主跨铺装工程项目。建设规模：摊铺ECO改性聚氨酯路面2.6万m^2。生态效益：项目建设期内减少碳排放130t，节约能耗52tCE，节约石料3120t
3	光伏建筑一体化用大面积碲化镉发电玻璃	高效节能装备制造	通过采用大面积快速近空间升华技术、镀膜技术和活化技术，形成渐变带隙吸收层，提高碲化镉发电玻璃短路电流密度，采用高稳定性背接触技术，实现碲化镉发电玻璃长期可靠性	案例1：川开电气智能制造基地屋顶光伏建筑一体化项目。建设规模：厂房屋顶安装碲化镉发电玻璃，总装机容量1720kW。生态效益：项目年发电量91.05万kW·h，年节约274.51 tCE、减少二氧化碳排放519.26t。 案例2：上海松江凯盛机器人大楼碲化镉发电玻璃幕墙项目。建设规模：建筑物外立面安装碲化镉薄膜太阳能发电玻璃幕墙，总装机容量400kW。生态效益：项目年发电量23万kW·h，年节约69tCE、减少二氧化碳排放131.17t

续表

序号	技术名称	产业类别	工艺技术内容	应用案例
4	高效气悬浮离心式冷水机组关键节能技术	高效节能装备制造	采用高精度多孔介质静压气悬浮轴承系统，基本消除摩擦，提高轴承承载力及压缩机效率；采用一体式供液稳压系统，稳定轴承供气，防止意外断电、停机造成轴承跌落损伤	案例：宁波环驰轴承集团工厂冷水机组旧机节能改造项目。建设规模：8台制冷量为350RT的气悬浮离心式冷水机组。生态效益：项目年节碳量1120t
5	水煤浆冷壁废锅气化炉技术	高效节能装备制造	以水煤浆为原料的高压纯氧气流床煤气化工艺。气化室衬里采用垂直悬挂自然循环膜式水冷壁，通过凝渣保护，气化温度可提高至1500℃以上，解决高灰熔点煤水煤浆气化难题，拓宽煤种适应性	案例1：河南金大地化工有限责任公司年产45万t合成氨搬迁改造项目。建设规模：3套水煤浆水冷壁废锅气化炉、气化压力6.5MPa。生态效益：年碳减排量34.37万t、减少二氧化硫排放0.45万t、减少氮氧化物排放0.51万t。 案例2：新疆天业汇合新材料有限公司100万t/a合成气制乙二醇项目一期工程60万t/a乙二醇项目。建设规模：4套水煤浆水冷壁废锅气化炉、气化压力6.5MPa。生态效益：年碳减排量34.58万t、减少二氧化硫排放0.46万t、减少氮氧化物排放0.52万t
6	冶金领域工业废气资源化高效利用技术	高效节能装备制造	采用内螺纹小管径垂直管圈及螺旋管圈水冷壁，实现煤气锅炉水系统由高倍率循环到低倍率循环再到一次循环阶梯式跨越	案例1：广西盛隆冶金有限公司产业升级技术改造配套发电项目。建设规模：2×145MW燃气超临界机组。生态效益：项目年减少碳排放170万t。 案例2：迁安九江线材有限责任公司煤气发电三期工程。建设规模：1×145MW燃气超临界机组。生态效益：项目年减少碳排放85万t
7	磁悬浮真空泵节能技术	高效节能装备制造	通过采用高稳定性磁悬浮轴承系统，基本消除摩擦，提高转速、降低噪声；采用高速永磁电机直接驱动三元流叶轮，减少传统机械传动损失，大幅提升整机工作效率	案例：山东世纪阳光纸业集团造纸工艺生产线真空系统改造。建设规模：采用1台TRV600型磁悬浮透平真空泵替换原4台总装机容量922kW水环式真空泵。生态效益：项目年节能量1033tCE，碳减排量约1945t
8	层燃室燃复合燃烧—移动床微流化绿色燃煤锅炉技术	高效节能装备制造	采用往复式燃烧设备与多炉膛结构锅炉结合，形成大颗粒保持层燃与小颗粒室燃流化状态，提高煤炭燃烧效率，进而提高热效率；通过层燃室燃复合燃烧状态，减少层燃放热量，降低热力氮原始生成，实现了炉内污染物协同治理及锅炉与系统节能	案例1：营口热电集团有限公司东部集中供热工程。建设规模：新建1座2台116MW大型移动床微流化绿色燃煤热水锅炉热源厂。生态效益：项目年节约8532tCE、二氧化碳减排量2.3万t。 案例2：和布克赛尔县华源热力供热锅炉提升改造建设项目。建设规模：改造3台58MW移动床微流化绿色燃煤热水锅炉及配套附属设施建设。生态效益：年节约6399tCE、二氧化碳减排量1.7万t

续表

序号	技术名称	产业类别	工艺技术内容	应用案例
9	气凝胶保温隔热涂料	高效节能装备制造	系统的核心技术涵盖气凝胶材料的运用、配方的改良、分散工艺、黏结剂的选定、涂层结构的规划、耐候性与耐久性技术以及施工流程等	案例1：湖南吉利汽车职业技术学院外墙及屋顶保温隔热工程。建设规模：建筑面积约24万m^2，建筑设计能耗400万kW·h/a。生态效益：防水保温及装饰系统层厚度不到传统材料的1/10，空调使用能耗不到设计的30%，年减碳量约3126t。 案例2：大唐湘潭发电有限责任公司烟道防腐保温工程改造项目。建设规模：施工面积约1万m^2。生态效益：烟道热损失减少30%，年节碳量约4011t
10	低品位余热制冷（<0℃）技术	高效节能装备制造	以废余热作为驱动能源，利用氨在TC工质中特有的高压环境易解吸，低压环境强吸收，以及传热表征优异、性能稳定性极高的特点，通过解吸→冷凝→蒸发→吸收的热驱动制冷循环，达到低品位热能对高品位电能或高压蒸汽的有效替代，节能效果明显	案例1：中盐安徽红四方股份有限公司利用蒸汽冷凝液余热深度制冷项目。建设规模：年产30万t乙二醇生产工艺制冷工段，总制冷量4000kW。生态效益：项目年减碳量2338t。 案例2：山西沃能化工科技有限公司TC混合工质余热制冷机项目。建设规模：综合尾气制30万t/a乙二醇联产15万t/a年LNG项目，总制冷量2000kW。生态效益：项目年减碳量3052.39t
11	一种高效离网智慧照明技术	高效节能装备制造	采用角度可调节的棱镜聚光技术，提高LED灯珠的光利用率；采用物理组网编码技术，实现不同场景的智能控制	案例1：湖北达能食品饮料有限公司车间智能照明改造项目。建设规模：8500盏40W离网智能N-LED照明灯具。生态效益：产品寿命期间碳减排量约3.03万t。 案例2：厦门烟草工业有限责任公司照明系统改造项目。建设规模：2397盏3×10W离网智能N-LED照明灯具。生态效益：项目年碳减排量约937t
12	抗积灰结露耐高温和跟踪负荷的可控多向流对流换热烟道	高效节能装备制造	由对流受热面组组成的对流换热烟道，在相邻对流受热面组之间及对流换热烟道烟气进、出口处设置90°可调的百叶窗，每层百叶窗为叶片组组成；设置该烟道百叶窗及其传动装置，每组叶片所在轴分别与能使其转动90°的传动装置连接	案例1：河北省石家庄市润城热力有限公司供热工程项目。建设规模：采用1台DHL92-1.6/130/70-AⅡ型锅炉，配套组装智能化叠流复合燃烧炉床，受热面尾部加设趋零积灰、趋零结露装置，为120万m^2建筑面积的小区进行供热。生态效益：项目年碳减排量7244t。 案例2：秦皇岛市山海关鑫圣供暖有限责任公司供热工程项目。建设规模：采用1台DHL116-1.6/130/70-AⅡ型零积灰零结露节能热水锅炉，为山海关鑫圣小区160万m^2建筑面积供热。生态效益：项目年碳减排量9170t

续表

序号	技术名称	产业类别	工艺技术内容	应用案例
13	高维散热系统	高效节能装备制造	利用高效相变传热器件与智能控制系统等核心部件，构建高性能高维散热系统，充分利用自然冷源实现小温差高效相变换热，同时与基站内空调智能联动，减少基站空调使用时间并提升空调使用寿命，实现供冷与高效换热性能动态智能互补，最大限度利用自然冷源换热	案例1：北部湾大学6号基站节能改造项目。建设规模：安装一套额定功率为340W的高维散热系统，实现与原有空调智能联动控温。生态效益：项目年碳减排量3.02t。 案例2：钦州市钦南区河东工业园区基站节能改造项目。建设规模：安装一套额定功率为340W的高维散热系统，实现与原有空调智能联动控温。生态效益：项目年碳减排量4.82t
14	涂装前处理低温脱脂除油节能减碳技术	高效节能装备制造	核心技术是水力空化技术。其工艺是，把脱脂液从脱脂槽中抽取，通过泵输送进入水力空化发生器进行空化处理，利用水力空化技术进行高效破乳，释放出来的油通过溢流方式进行全自动油水分离	案例1：一汽–大众汽车有限公司成都基地涂装车间新增低温物理除油项目。建设规模：10条涂装处理线，每条线3个脱脂区。生态效益：项目可降低脱脂温度10℃，每条产线减少二氧化碳排放1540t/a。 案例2：吉利汽车集团有限公司杭州湾基地涂装车间低碳改造项目。建设规模：1套低温脱脂除油节能减碳装置，实现对脱脂液实时在线处理、循环利用。生态效益：项目可降低脱脂温度10℃，减少脱脂废液排放1600t/a，每条产线减少二氧化碳排放3287.39t/a
15	道路和隧道照明用高能效LED灯具	高效节能装备制造	通过“倒装芯片工艺技术”结合“布拉格反射层（DBR）工艺技术”的LED芯片，并优化电子电路，提升LED灯珠的高效率稳定性和可靠性；通过优化LED灯具散热器结构，提高散热器表面积	案例1：桂林市机场路路灯EMC节能改造项目。建设规模：2686套高压钠道路照明灯具改造为高光效LED照明灯具。生态效益：道路照度平均值提高61%，节电率51.5%，项目年碳减排量3516t。 案例2：河源市高新区基础设施工程及配套工程安装项目科技大道道路照明及交通工程改造项目。建设规模：269套高压钠道路照明灯具改造为高光效LED照明灯具。生态效益：道路照度平均值提高15%，节电率46.06%，项目年碳减排量32t
16	空气源热泵高效供暖系统研究及应用	高效节能装备制造	采用准二级压缩气液联合喷射制冷循环技术，降低排气温度，拓宽了工作环境温区；采用动态识别智能除霜技术，实现及时快速除霜，降低运行能耗；大小温差兼容系统设计，提高热泵工程系统的兼容性及综合能效	案例1：西藏嘉黎县集中供热改造项目。建设规模：84台10HP超低温空气源热泵机组、120台60HP超低温空气源热泵机组。生态效益：项目年碳减排量1.83万t。 案例2：四川阿坝州壤塘县集中供暖项目。建设规模：62台20HP宽环温空气源热泵机组、125台60HP宽环温空气源热泵机组。生态效益：项目年碳减排量1.92万t

续表

序号	技术名称	产业类别	工艺技术内容	应用案例
17	变频空调低碳动态运行关键技术研究及应用	高效节能装备制造	采用人工智能算法，快速搜寻空调节能状态最优解，实现空调器运行过程各执行器高效协同；基于云平台海量房间温度变化数据，搭建基于神经网络的自学习模型，实现空调负荷自适应舒适节能运行；针对现有空调控制芯片不能满足空调运行节能智能算法运算的需求，自主研发了空调高适应性AI芯片	案例1：河南盛世欣兴格力贸易有限公司AI空调推广项目。建设规模：2022—2023年共销售具有AI节能功能的空调器25.57万台。生态效益：项目年节约电量2371.11万kW·h，年碳减排量1.35万t。 案例2：湖北盛世欣兴格力贸易有限公司AI空调推广项目。建设规模：2022—2023年共销售具有AI节能功能的空调器16.10万台。生态效益：项目年节约电量1492.95万kW·h，年碳减排量0.85万t
18	氢能轨道交通用燃料电池动力系统	先进交通装备制造	采用模块化理念设计方法，基于燃料电池的可靠性、耐久性、结构强度、噪声控制等优化设计技术，实现燃料电池动力系统的整体优化设计。通过多堆燃料电池协调控制器，采用基于效率-功率耦合特性的多堆系统优化方法，实现多堆系统的优化控制和能量管理，提升多堆系统运行效率。通过多套燃料电池系统组合协调输出，满足氢能轨道交通车辆动力需求	案例1：中车长客时速160km全自动A型市域车氢能源系统应用改造项目。建设规模为：4套100kW氢燃料电池系统，应用在氢能轨道车辆上。生态效益：按每天工作8h计算，年降低碳排放量317.68t。 案例2：国能新朔铁路有限责任公司氢能源动力接触网作业车项目。建设规模：2套100kW氢燃料电池动力系统。生态效益：一台氢能接触网作业车每年可减少二氧化碳排放量约40t
19	连续玻纤增强高流动性尼龙6复合材料	先进交通装备制造	通过分子结构设计，制备支化高流动性尼龙6树脂并成膜，形成玻纤织物多层结构，并对纤维织物表面特殊处理，增强玻纤与基体树脂的界面相容性，采用熔融模压浸渍工艺，使基体树脂充分分散、浸渍于纤维织物中，制备出具有比强度高、比模量高、冲击韧性高、轻量化效果好、修复性好、安全环保可回收等特性的复合材料	案例1：连续纤维增强尼龙复合板材项目。建设规模：年产100t连续纤维增强尼龙复合板材生产线。生态效益：项目年碳减排量300t。 案例2：汽车发动机底护板项目。建设规模：年产30万件连续纤维增强热塑性复合材料制品自动化生产线。生态效益：单件底护板减重4kg，项目年碳减排量3600t
20	船用LNG燃料供应系统	先进交通装备制造	基于适用于现场制造的切割技术、科学冷却加工工艺、合理封头制作工艺、高锰钢焊接成型创新技术、激光电弧复合焊方式等开发新型高锰奥氏体低温钢材料的关键应用技术；利用嵌入式电控系统的核心控制器开发智慧型燃料控制技术；基于模块化设计思路开发包含LNG存储模块系统、LNG汽化及冷能回收模块、BOG和EAG放散模块、调压计量模块和自控安保模块的供气模块集成技术	案例1：珠海港航运有限公司"气化珠江"项目。建设规模：新建29艘LNG燃料动力船舶。生态效益：年创造节能经济效益1566万元，年尾气污染物减排7143t。 案例2：中集润庆物流有限公司散装水泥运输罐船项目。建设规模：新建20艘LNG燃料动力船舶。生态效益：年创造节能经济效益1080万元，年尾气污染物减排4927t

续表

序号	技术名称	产业类别	工艺技术内容	应用案例
21	真空热管耦合低低温电除尘技术	节能降碳改造	该技术通过真空热管换热器将烟温降低至低低温状态，从而降低粉尘比电阻和烟气量，大幅提高除尘器的除尘效率，同时节约煤耗、电耗、脱硫降温水耗、协同脱除三氧化硫及汞等。真空热管换热器采用特殊结构，将烟气和冷却水进行多重物理隔离，避免冷却水泄漏造成的烟道堵塞、烟尘排放超标、灰斗堵灰等隐患，保证设备安全稳定运行	案例：国家电投景德镇发电厂2号炉真空热管烟气换热器及低低温电除尘器改造项目。建设规模：660MW燃煤机组。生态效益：项目年节约4871tCE、减排155t颗粒物、节电257.3万kW·h、降低脱硫降温水耗19.8万t，折合二氧化碳减排15669.4t
22	MW级超导感应加热技术	节能降碳改造	利用超导线圈形成稳定的磁场，通过机械系统驱动被加热金属工件在磁场中旋转，感应出涡流产生焦耳热，是目前传统感应加热方式能源利用率低、加热均匀性差等问题的有效解决手段，具有高透热深度、高温度均匀性、高生产效率、温度梯度线性好、节能降碳率高等优势	案例1：南山铝业铝挤压生产线绿色降碳节能改造项目。建设规模：1台MW级（单工位500kW）铝挤压专用型超导感应加热装置。生态效益：项目年碳减排量约3026t。 案例2：中铝东轻铝锻压生产线绿色降碳节能改造项目。建设规模：1台MW级（单工位500kW）航空铝锻压专用型超导感应加热装置。生态效益：项目年碳减排量约7200t
23	绕组式永磁耦合调速技术	节能降碳改造	双转子无接触磁力传动，调速模式为转差功低压小功率回馈调速。转子绕组采用分布式绕组及端部灌胶特殊设计，工艺具有低损耗和高强度特点，控制系统配备电阻调速冗余，提升调速装置系统可靠性。该技术解决了转差设备调速中的转差功率浪费问题和高压变频的谐波问题	案例1：天津钢铁集团有限公司烧结厂除尘风机永磁调速技术改造项目。建设规模：1套630kW绕组式永磁耦合调速系统、1套1440kW绕组式永磁耦合调速系统。生态效益：项目年节电476.91万kW·h，折合标准煤1445.04t，减排二氧化碳2719.82t。 案例2：浙江诸暨八方热电有限责任公司4#、5#炉一次给风机（710kW/900kW）永磁调速器改造项目。建设规模：1套710kW绕组式永磁耦合调速系统、1套900kW绕组式永磁耦合调速系统。生态效益：项目年节电416.01万kW·h，折合标准煤1260.51t，减排二氧化碳2372.51t
24	地热能勘查与高效利用关键技术	节能降碳改造	针对地热资源勘查、地热发电和综合利用项目，合理应用资源勘查评价、系统优化、多能互补等方面技术成果，包括使用蒙特卡罗方法优化资源评价和井身设计，使用双工质地热发电系统优化算法完成发电项目设计优化等，全面指导地热发电和综合利用工程的设计和运维工作，提升系统综合效率，缩减项目工期，降低工程造价和运维成本	案例1：印尼SMCP地热发电项目。建设规模：发电装机规模240MW。生态效益：项目年碳减排量约136万t。 案例2：山西省晋中市平遥县综合智慧能源项目。建设规模：热泵装机容量50MW，供暖面积80万m^2。生态效益：项目年碳减排量约3.7万t

续表

序号	技术名称	产业类别	工艺技术内容	应用案例
25	微界面传质强化技术	重点工业行业绿色低碳转型	利用微-纳界面尺度的多相反应器平台，取代目前国内外普遍采用的厘-毫界面尺度的多相反应器平台，在大型氧化、加氢、羰基化、缩合、聚合等反应器中，将气泡、液滴的直径缩小至微-纳尺度并进行化学反应，从而提高大型反应器内的分子传输速度和多相流体的分布均匀度，进而在催化剂不变时提高反应效率、降低能耗、减少污染物排放	案例1：连云港康乐药业有限公司高浓度含盐扑热息痛废水微界面强化湿式氧化处理项目。建设规模：1.65万t/a高盐废水处理装置。生态效益：项目年减排有机物约2000t，年副产蒸汽约5000t，每吨废水处理成本30～40元。 案例2：浙江卫星能源有限公司微界面强化超低碳多碳醇项目。建设规模：80万t/a多碳醇生产线。生态效益：项目年节能6.7万t标准煤，减碳24.2万t，节省原料约4800t，废气和废液年排放总量分别降低10%和20%
26	管式冷凝节能节水及多污染物脱除技术装备	重点工业行业绿色低碳转型	根据相变凝聚的原理，采用钛管或氟塑料管作为换热冷凝管束材质，高温高湿烟气通过新型高效管式冷凝装备时，水蒸气以粉尘、石膏等固体微细颗粒作为凝结核发生非均相成核过程，水分子在微细颗粒表面不断凝结，形成小雾滴，换热管束和关键设备部件对烟气产生涡流、扰动及雾滴本身的布朗运动、惯性力导致雾滴之间发生碰撞团聚并长大。在此过程中，有效促进含三氧化硫气溶胶、石膏液滴、可溶盐及液滴之间碰撞、团聚，继而被后续换热管壁面上的自流液膜脱除，实现烟气低品位余热和烟气冷凝水的有效回收、多污染物的协同脱除。此外，通过开发柔性凝水导流、波形凝聚增效、放电冷凝换热耦合、强化团聚及高效拦截细颗粒捕集等关键核心技术，强化了新型高效管式冷凝装备的综合效能	案例1：天津国投津能发电有限公司燃煤烟气深度除湿治理项目。建设规模：2×1000MW机组湿法脱硫+湿电除尘+高效管式冷凝装置。生态效益：每年可回收102.4万t低温水，可减少可溶性颗粒物排放120.7t。 案例2：浙江物产环能浦江热电烟气深度脱白和废水零排项目。建设规模：3×130t/h燃煤锅炉湿法脱硫+湿电除尘+高效管式冷凝装置。生态效益：每年可回收5.64万t低温水，利用低温除盐水可回收20.7万GJ（烟气热量年运行6000h），节能标准煤7068t，减少二氧化碳排放量1.85万t
27	半水-二水湿法磷酸生产工艺及其系统	重点工业行业绿色低碳转型	原料磷矿与硫酸经过半水反应、半水过滤、二水转化和二水过滤获得高浓度成品磷酸，创新应用了硫酸钙介稳态半水结晶调控、水合晶相重构和晶间磷高效溶解释放、硅胶辅助结晶、半水料浆双循环高位闪蒸等新技术，具有能耗低、磷收率高、产品质量好、磷石膏品质好等优点	案例1：宜都兴发化工有限公司湿法磷酸装置项目。建设规模：38万t/a100%五氧化二磷生产线。生态效益：项目年减排二氧化碳12.1万t。 案例2：中化重庆涪陵化工有限公司湿法磷酸装置。建设规模：30万t/a100%五氧化二磷生产线。生态效益：项目年减排二氧化碳9.6万t

续表

序号	技术名称	产业类别	工艺技术内容	应用案例
28	安全高效低能耗“铁钌接力催化”氨合成成套技术	重点工业行业绿色低碳转型	通过一步法石墨化碳载体高效制备新工艺，获得在氢气气氛保持稳定的大比表面积石墨化碳载体；基于石墨化碳载体，利用新型钌络合物为前驱体、以稀土和钡基化合物为助剂制备钌载量低的高性能钌催化剂；通过废钌催化剂高效回收工艺，实现催化剂中金属钌的高效循环利用，降低催化剂全生命周期成本；基于自卸式氨合成塔反应器，采用“两铁串两钌接力催化”的催化剂填装方式，配合氨冷却分离及余热利用技术，实现在低温、低压、宽氢氮比和高惰性气体含量条件下高效、稳定合成氨	案例1：江苏宿迁禾友化工低温低压合成氨工业装置项目。建设规模：1套ϕ1800合成氨工业装置（20万t级合成氨）。生态效益：项目吨氨平均综合能耗约1.18tCE，较同类传统铁基合成氨装置降低约0.2tCE，年减排约6万t二氧化碳、300t二氧化硫和250t氮氧化物。 案例2：黑龙江七台河勃盛清洁能源氨合成工业装置项目。建设规模：1套ϕ2400合成氨工业装置（30万t级合成氨）。生态效益：项目吨氨平均综合能耗约1.09tCE，较同类装置年减排约20万t二氧化碳、700t二氧化硫和600t氮氧化物
29	铝电解槽低碳长龄复合阴极技术与装备	重点工业行业绿色低碳转型	根据铝电解槽中同时降低水平电流和阴极压降的阴极结构理念，创新研发了相匹配的阴极炭块组非线性热处理及浇铸工艺技术，并配套研发了同步移动式燃气预热装备，阴极炭块预热升温过程精确可控	案例1：新疆天龙矿业股份有限公司200kA、400kA铝电解槽新式节能阴极（浇铸）结构技术项目。建设规模：272台电解槽（200kA系列80台和400kA系列192台），年产铝约25万t。生态效益：项目年减少二氧化碳排放30624t。 案例2：广西百色广投银海铝业有限责任公司石墨化阴极材料采购合同项目。建设规模：84台电解槽，共计1680块石墨化阴极炭块，年产铝约5.5万t。生态效益：项目年减少二氧化碳排放6431.04t
30	万吨级*N*–甲基吡咯烷酮单塔精馏提纯技术	重点工业行业绿色低碳转型	使用单塔精馏工艺，采用隔壁塔集成独有分布器及高效填料的连续精馏，NMP废液经预热器与侧采成品换热后进塔中段，塔上段分离NMP中的水及轻组分；塔馏出NMP含量<200μg/g的废水；塔釜含重组分的NMP送入浓缩装置，提升NMP收率；塔侧线采出NMP成品，简化了传统多塔精馏流程，提高了生产效率和产品质量，节能效果明显	案例：福建省三明市明溪县工业集中区一区万吨级*N*–甲基吡咯烷酮单塔精馏提纯项目。建设规模：20万tNMP精馏产品生产线。生态效益：项目单吨产品蒸汽单耗降低60%

续表

序号	技术名称	产业类别	工艺技术内容	应用案例
31	高效还原"3R"碳氢高炉技术	重点工业行业绿色低碳转型	核心技术包括煤气动力调节系统、煤气脱碳系统、煤气安全喷吹系统和智能控制系统。工艺流程为：焦炉煤气通过动力调节系统进行加压；富一氧化碳煤气依次经动力调节系统、脱碳系统进行加压提质，之后与高压焦炉煤气混合，通过安全喷吹系统进入高炉，高炉冶炼过程中的生产数据接入智能调控系统，对生产数据进行处理、分析，指导高炉操作调控	案例1：纵横钢铁碳氢耦合喷吹总承包项目。建设规模：2.5万Nm^3/h富氢煤气+4万Nm^3/h富CO煤气动力调节系统及脱碳系统，以及两座高炉碳氢耦合喷吹系统。生态效益：减碳比例5%～10%，年减排二氧化碳40万t。 案例2：中天高炉富氢喷吹总承包项目。建设规模：2.5万Nm^3/h富氢煤气动力调节系统，以及三座高炉富氢喷吹系统。生态效益：年减排二氧化碳30万t
32	复杂难处理铜精矿高效短流程低碳清洁冶炼技术	重点工业行业绿色低碳转型	针对低品位高杂质难处理铜精矿冶炼杂质脱除难、能耗高等问题，研发了集熔炼与沉降贫化于一体的栅栏式富氧强化熔炼高效短流程低碳清洁铜冶炼技术与装备、高浓度铜冶炼烟气动态分级转化制酸及微浓度杂散烟气三塔协同脱硫资源化利用技术、余热与炉渣二次资源回收增值利用技术，实现复杂铜精矿的清洁高效利用	案例：易门铜业有限公司环保高效清洁化生产改造项目。建设规模：粗铜产能10万t/a。生态效益：项目已实现185.83万t复杂铜精矿清洁利用，二氧化硫减排90.69%，二氧化碳减排62.7%，余热利用率提高至81%以上
33	锂电三元材料集成式生产工艺	重点工业行业绿色低碳转型	采用搅拌罐式多功能一体化过滤机为核心设备的集成工艺，将陈化、过滤、洗涤等三元前驱体成型关键流程集中在一台设备内进行，减少物料转运环节和交叉污染；通过设计低速多维混合、可更换高精度滤网等装置，实现浆化逐级碱洗和水洗，大幅降低洗涤液耗用量；通过自动化生产调控技术，实现提产增效	案例1：华金新能源材料（衢州）有限公司年产4万t高镍型动力电池用三元前驱体新材料项目。建设规模：15台MY2300型多功能一体机核心设备。生态效益：每万吨产量可减少废水排放超20万t。 案例2：成都巴莫科技有限责任公司1.5万t新一代锂离子动力电池材料产业化项目。建设规模：24台套MY1600型多功能一体机构成的洗涤压滤系统。生态效益：每万吨产量可减少废水排放超20万t
34	有机溶剂深度脱水分子筛膜和成套装备	重点工业行业绿色低碳转型	采用微波镀膜专有技术开发出高选择性、高通量、高稳定性的第二代分子筛膜，将高性能膜材料成套装备化，实现节能型有机溶剂深度脱水。与精馏相比，不受溶剂与水的相平衡制约，分离效率高、节能；与吸附相比，不需要复杂和高耗能的频繁再生，操作简单、节能；特别适合于共沸物体系及高温易分解溶剂与水的分离	案例1：东营市海科新源化工有限责任公司乙醇分子筛膜深度脱水装置项目。建设规模：一套10000t/a规模的无水乙醇（含水<200μg/g）分子筛膜脱水装置。生态效益：项目年碳减排量1445t。 案例2：宿州中粮生物化学有限公司高纯无水乙醇膜脱水装置项目。建设规模：一套2000t/a规模的高纯无水乙醇（含水<100μg/g）分子筛膜脱水装置。生态效益：项目年碳减排量725t

续表

序号	技术名称	产业类别	工艺技术内容	应用案例
35	复杂铅锌原料强化熔炼节能增效关键技术及应用	重点工业行业绿色低碳转型	基于渣型理论研究及物料耦合调配开发铅锌原料耦合调配渣型技术，建立堆式、仓式、布料式梯级配料模型；基于富氧浓度提升技术研发、喷枪结构升级研发等开发艾萨炉炼铅富氧提升强化熔炼技术；基于硫质燃料的高效利用、铅锌复杂原料的有价金属综合回收开发“副产铅+以硫替碳”新技术，综合回收渣原料中有价金属，同时实现铅冶炼综合能耗降低	案例1：云南冶金集团总公司6万t/a粗铅引进高新技术环保节能技术改造工程。建设规模：年产6万t粗铅、6万t纯硫酸改造。生态效益：项目年节约标准煤1.63万t，年减排二氧化碳4.34万t。 案例2：会泽16万t/a铅锌技改工程项目。建设规模：年产6万t粗铅、10万t锌。生态效益：项目年节约标准煤1.17万t，年减排二氧化碳2.8万t
36	燃煤电厂大规模二氧化碳捕集、利用与封存（CCUS）技术	温室气体控制	采用新型三元复合胺碳捕集吸收剂+能量耦合 过程强化工艺，实现对电力、化工、钢铁等工业尾气中二氧化碳的低能耗捕集。捕集的二氧化碳通过压缩、干燥、液化形成工业级液态二氧化碳，通过槽车、管道等运输方式，用于化工合成、二氧化碳混相驱强化采油过程，实现二氧化碳的多途径利用与封存	案例1：泰州电厂50万t/aCCUS示范项目。建设规模：1套50万t/a二氧化碳捕集装置。生态效益：年碳减排量50万t。 案例2：泰州电厂1000MW机组高效灵活全烟气碳捕集关键技术研究与工程示范。建设规模：2×200万t/a二氧化碳捕集装置。生态效益：年碳减排量400万t
37	二氧化碳长寿命底吹炼钢技术	温室气体控制	基于二氧化碳在高温条件下与碳反应生成一氧化碳的特性，有效强化熔池搅拌强度，有效控制钢水终点氧含量提升，从底吹参数控制、底吹元件分布、底吹原件的维护等方面实现二氧化碳长寿命底吹技术工程化应用。开发了炼钢过程喷吹二氧化碳吸附深度稳定脱氮技术，解决了超低氮钢稳定生产。二氧化碳稀释强化高效控氧技术，发明了二氧化碳稀释强化终点氧调控技术，实现了钢液终点氧含量的高效稳定控制	案例1：酒钢集团宏兴钢铁股份有限公司碳钢薄板厂二氧化碳绿色环保炼钢技术项目。建设规模：3×120t转炉。生态效益：项目年碳减排量2.5万t。 案例2：江苏省镔鑫钢铁集团有限公司二氧化碳顶底复吹炼钢技术项目。建设规模：1×120t转炉。生态效益：项目年碳减排量1.5万t

续表

序号	技术名称	产业类别	工艺技术内容	应用案例
二、环境保护产业				
1	盾构渣土高效化处理技术	先进环保装备和原料材料制造	基于渣土的凝聚–脱水–固化耦合处理工艺，结合智能化、模块化渣土处理设备和自适应运行控制技术，使盾构渣土通过高压喷淋–振动筛分模块，分离出粗骨料；筛下物进入水力旋流模块，实现泥砂分离，产出洁净中细砂；剩余泥浆进入地聚物基凝聚–固化模块，进行浓缩/固化调理，溢流清水进入清水池循环使用；调理后泥浆进入压滤脱水模块，形成可固化泥饼；泥饼进一步直接建材成型	案例1：深圳地铁14号线朱坑风井–朱洋坑区间盾构渣土高效化处理项目。建设规模：项目处理渣土能力1750m^3/d，设备占地470m^2。生态效益：项目处理盾构渣土15.6万m^3，产生11.5万m^3砂石骨料，减少外运11500车次，产生填料4.1万m^3，减少碳排放1326t。 案例2：深大城际2标土建十工区盾构渣土高效化处理项目。建设规模：项目处理渣土能力1200 m^3/d，单套设备占地约461.25m^2。生态效益：项目处理盾构渣土39万m^3，产生27.3万m^3砂石骨料，减少外运27300车次，产生填料11.7万m^3，减少碳排放3315t
2	低碳高效振动MBR污水资源化技术	先进环保装备和原料材料制造	污水经生化处理后进入低碳高效振动MBR膜池，膜组器通过机械驱动实现变加速度–往复式运行，使膜丝与水体形成相对运动，形成膜池低溶解氧环境，促进聚磷菌、反硝化聚磷菌和反硝化聚糖菌的生长，实现反硝化除磷与内源反硝化耦合的高效脱氮除磷	案例1：太仓市城东水质净化项目。建设规模：144套振动MBR膜组器，处理水量7.5万m^3/d。生态效益：出水水质COD≤30mg/L，氨氮≤0.5mg/L，总氮≤6mg/L，总磷≤0.3mg/L，年碳减排量6550t。 案例2：砀山经济开发区工业污水处理厂二期项目。建设规模：30套振动MBR膜组器，处理水量3万m^3/d。生态效益：出水水质COD≤30mg/L，氨氮≤1mg/L，总氮≤10mg/L，总磷≤0.3mg/L，年碳减排量607t
3	$PM_{2.5}$团聚协同脱硫废水零排放技术与装备	先进环保装备和原料材料制造	基于化学团聚，将加入复合团聚剂的脱硫废水喷入燃煤电站空预器前后烟道，促进$PM_{2.5}$细颗粒物团聚，提高静电除尘系统除尘效率，在不增加设备情况下稳定达到超低排放标准；通过高温磺化脱除烟气中三氧化硫，抑制硫酸氢铵生成和沉积，减缓空预器堵塞；通过空预器前后烟道分区梯级蒸发脱硫废水	案例1：华电湖北发电有限公司黄石热电分公司“以空气为载体基于余热蒸发浓缩高盐废水及零排放技术”项目。建设规模：330MW燃煤发电机组。生态效益：项目年减少脱硫废水排放量1.25万t。 案例2：国电丰城发电有限公司3号、4号机组$PM_{2.5}$团聚除尘超低排放改造项目。建设规模：340MW燃煤发电机组。生态效益：项目粉尘排放浓度降低88%，每小时可节电500～1000kW·h

续表

序号	技术名称	产业类别	工艺技术内容	应用案例
4	大型炼钢转炉一次烟气超净排放装备系统与应用	先进环保装备和原料材料制造	针对高温转炉烟气，将其引入大型炼钢转炉一次烟气超净排放装备系统。通过多功能智能型喷雾冷却器，将温度从约1000℃降至约300℃，随后经超大型圆筒形电除尘器除尘净化，使颗粒物含量低至10mg/Nm^{3}左右。其中，柔性精细调节装置在为煤气降温的同时，依据系统实时排放指标精细调节工作方式，保障系统稳定排放且低于10mg/Nm^3。切换站依据烟气成分自动回收合格转炉煤气，有效降低转炉烟气的碳排放。此技术工艺实现了对高温转炉烟气的高效净化与节能减排	案例1：广西盛隆冶金有限公司产业升级技术改造工程炼钢转炉烟气处理装备系统项目。建设规模：5×210t转炉一次烟气净化及煤气回收系统。生态效益：项目年粉尘回收量超30万t，转炉煤气回收量超15亿m^3。 案例2：山东钢铁集团永锋临港有限公司先进优特钢产业基地二期项目。建设规模：1座250t转炉配套1套转炉一次烟气净化及煤气回收系统。生态效益：项目年粉尘回收量约7.5万t，转炉煤气回收量约5.5亿m^3
5	柴油机SCR系统（柴油机尾气脱硝后处理系统）	先进环保装备和原料材料制造	通过尿素水溶液热解生成得到还原剂NH_3，在催化剂的作用下，与柴油机废气中的氮氧化物发生化学反应，转化成无害的氮气和水蒸气，使船用柴油机氮氧化物排放满足IMO Tier Ⅲ（国际海事组织制定的第三阶段氮氧化物排放标准）要求	案例1：碧梧船舶项目。建设规模：安装1台GSL22型SCR系统+3275kW柴油机。生态效益：排放达到IMO Tier Ⅲ要求；在排放控制区，SCR系统连续运行，年氮氧化物减排量195.9t。 案例2：金旭翔船舶项目。建设规模：安装了2×GSM21型SCR系统+2×3552kW柴油机。生态效益：排放达到IMOTierⅢ要求；在排放控制区，SCR系统连续运行，年氮氧化物减排量295t
6	脉冲式旋流澄清净水装置	先进环保装备和原料材料制造	采用脉冲旋流澄清净水装置，污水从中心进入，经过絮凝、脉冲变加速旋转、碰撞、悬浮层拦截、沉淀等环节，清水从周边产出。污泥可通过微循环再次与污水混合，剩余污泥通过重力排出。在设备内部利用角速度和线速度的不同，增加絮体之间的碰撞概率，形成直径较大的絮体，提高沉淀效率，可以节省药剂，提高处理效果和稳定性	案例1：潞安化工集团潞宁煤业有限责任公司矿井水处理站建设项目。建设规模：废水处理量9000m^3/d。生态效益：项目节约电耗20.3%，节约药剂31%，年减少碳排放1.35万t。 案例2：晋能控股集团赵庄煤业有限责任公司南苏矿井水处理站建设项目。建设规模：废水处理量2万m^3/d。生态效益：项目节约电耗32%，节约药剂38%，年减少碳排放3万t

续表

序号	技术名称	产业类别	工艺技术内容	应用案例
7	污水低碳脱氮关键技术与装备	先进环保装备和原料材料制造	污水低碳脱氮装备中装填电子耦合型长效复合填料，反应器集成柔性力敏型传感器，实现流态精准控制，避免短流与死区，减少碳源损失。利用高负荷移动型、深度净化集成型脱氮组件和反应器有效降低冲洗频次。开发的总氮精准控制系统，实现营养液的精准投加和配套设备的实时调控，保证碳源当量投加和充分利用	案例1：山东金诚重油化工有限公司污水处理提标改造项目。建设规模：处理污水4万t/d。生态效益：出水总氮低于1.5mg/L，达到地表Ⅳ类水标准值，累积处理水量超过3168万t，总氮消减量达1231.2t。 案例2：中原环保股份有限公司脱氮项目。建设规模：处理污水3万t/d。生态效益：出水总氮低于1.5mg/L，累积处理水量6042万t，总氮消减量达785.5t
8	VOCs治理专用分子筛及低温催化燃烧关键技术	先进环保装备和原料材料制造	基于特种纤维纸为原料的蜂窝结构体成型技术、吸附剂选择和涂覆工艺以及分子筛与VOCs催化燃烧耦合工艺，实现VOCs吸附效率、净化效率的提升以及低温条件下的催化燃烧	案例1：淮安威灵电机制造有限公司浸滴漆废气环保设备改造项目。建设规模：项目处理废气总风量4万m^3/h。生态效益：项目VOCs净化效率≥98.5%，达到HJ 1093—2020要求。 案例2：双良集团锅炉公司VOCs一体化处理项目。建设规模：项目包括火管油漆房、水管油漆房以及公司南+北喷漆房废气治理。生态效益：VOCs治理效率稳定≥98.5%，设备治理运维成本降低40%
9	垃圾渗滤液全量化处理关键技术及产业化	先进环保装备和原料材料制造	针对垃圾渗滤液处理瓶颈问题，联合院校开展“垃圾渗滤液全量化处理关键技术”的研发，针对“全量化无害化处理工艺”“高效耐污染蒸发技术”“新型改性复合固剂”“新型抗污染膜材料及膜组件”“垃圾渗滤液全量化处理设备智能运维平台”开展研究，解决了现有垃圾渗滤液处理工艺复杂、成本高、效率低、设备抗污能力差和浓缩尾液等二次污染无法有效处理等重大技术问题。除臭工艺采用预处理（酸碱洗气）+喷淋方法处理，处理后的气体能够满足废气排放相关标准	案例1：重庆长生桥垃圾填埋场浓缩液全量化处理项目。建设规模：采用“预处理+预浓缩+低温负压MVR+干燥处理+除臭系统”工艺实现全量化处理。生态效益：设备稳定运行，系统CODcr去除率≥99.9%，NH_3-N去除率≥99.9%。 案例2：盖州生活垃圾处理场渗滤液原水全量化处理项目。建设规模：采用“预处理+预浓缩+低温负压MVR+固化处理+除臭系统”工艺实现全量化处理。生态效益：设备稳定运行，清液得率90%～95%，系统CODcr去除率≥99.6%，NH_3-N去除率≥99.9%

续表

序号	技术名称	产业类别	工艺技术内容	应用案例
10	无缝集成SCR的循环流化床烧结（球团）全工况烟气超低排放技术	大气污染治理	采用循环流化床脱硫除尘一体化技术，依托于吸收塔内激烈湍动颗粒床层吸收吸附双重净化、细微颗粒物凝并，高效脱除二氧化硫、三氧化硫、氯化氢、氟化氢等酸性气体、重金属、二噁英及颗粒物（含$PM_{2.5}$），无缝集成后续选择性催化还原脱硝（SCR）实现氮氧化物脱除，并适应烧结（球团）启停机及宽负荷全工况稳定达到烟气超低排放	案例：莱芜钢铁集团银山型钢有限公司炼铁厂1#265m^2烧结机烟气脱硫脱硝改造项目。建设规模：265m^2烧结烟气配套循环流化床脱硫+SCR脱硝装置。生态效益：年均烟尘、二氧化硫、氮氧化物减排量分别达到770t、8673t、1480t
11	江河湖库生态清淤及底泥处置智能-绿色水上一体化工艺技术	水污染治理	水下受污染的底泥由绞吸船微扰动清淤机具进行精准微扰动高浓度疏挖，泥浆经变频泥泵系统吸入并加压通过密闭管道输送到除杂调蓄船，经除杂装置后的泥浆通过两次絮凝浓缩，再由泥浆加压装置送入脱水减容船，利用板框压滤设备完成泥水分离，泥饼经转运设备进行外运，余水经密闭管道排送至处理厂进行达标处理排放，实现在水上一体化完成生态清淤及底泥处置全过程	案例1：太湖生态清淤（二轮二期）工程无锡市区2022年度工程。建设规模：清淤面积2520m^2，平均清淤深度0.5m，清淤总量80万m^3。生态效益：项目年碳减排量0.39万t。 案例2：新一轮太湖生态清淤梅梁湖区工程。建设规模：清淤面积约2.89万m^2，平均清淤厚度0.2～0.5m，总清淤量约834.1万m^3。生态效益：项目年碳减排量3.86万t
12	一种处理污水的AOD生化反应系统及其污水处理方法	水污染治理	采用纳米曝气设备实现微氧曝气，在好氧池溶解氧≤0.5mg/L条件下实现COD和氨氮的氧化和达标；采用微氧曝气和差异化大比倍循环，创造适合短程硝化反硝化和同步硝化反硝化条件；通过微氧曝气+大比倍循环+末端保安脱气等措施，结合成套设备和智能控制系统，实现快速稳定、节能、降耗、减排的污水处理	案例1：柳林县建制镇污水处理设施建设项目成家庄镇污水处理工程。建设规模：日处理污水量500m^3污水处理厂4套地埋式一体化箱体及配套设备。生态效益：实现风机电耗、碳源消耗和污泥处置综合降耗15%～30%。 案例2：庄河市青堆镇污水处理厂改造项目。建设规模：日处理污水量5000m^3污水处理厂改造生化工艺池体，提供AOD工艺包及全套设备。生态效益：实现风机电耗、碳源消耗和污泥处置综合降耗15%～30%

续表

序号	技术名称	产业类别	工艺技术内容	应用案例
13	高氨氮废水厌氧氨氧化新型高效低碳脱氮技术	水污染治理	基于厌氧氨氧化菌脱氮原理，实现了厌氧氨氧化菌大规模工程化培养，研发了污水厌氧氨氧化脱氮技术体系，针对低碳氮比污水，开发了包括“调节池、预处理单元、水质精准预调控单元、厌氧氨氧化脱氮单元、沉淀单元”的工艺路线；针对碳氮比波动污水，开发了包括“调节池、两级UASB、厌氧氨氧化脱氮单元、生物强化单元和物化精处理单元”的工艺路线	案例1：北京五座热水解污泥消化液厌氧氨氧化工程。建设规模：处理污泥消化液15900m^3/d。生态效益：年削减氮素达12410t，总氮去除率90%以上，吨水脱氮电耗较传统工艺降低60%，年碳减排量18.5万t。 案例2：湖北十堰垃圾填埋场渗滤液厌氧氨氧化工程。建设规模：处理垃圾渗滤液150m^3/d。生态效益：降低电耗50%以上，降低污泥产量90%，可最大限度回收生物质甲烷，处理总成本降低30%
14	改性微生物膜载体	水污染治理	通过添加酶促进配方对载体表面改性，提高载体表面的优势菌群数量及活性，结合MBBR工艺，使污水中的有机物被载体上的微生物快速分解，高效降解污染物，使污水得到净化	案例：深圳市龙华水质净化厂提标改造项目。建设规模：处理污水15万t/d。生态效益：每年电耗节省19.6%，碳减排量830t，生物段药耗节省90%
15	一种流域性稀土矿山尾水处理系统及处理工艺	水污染治理	针对流域性稀土矿山尾水特点，采用渗滤耦合反应器，依托高效生物滤料，通过构建最优的氨氮去除生化反应系统，利用间歇式通风供氧等核心技术，低成本、高效去除氨氮。主要处理工艺流程是“进水+pH调整池+沉淀池+渗滤耦合反应器+出水池”，处理工艺可以根据进水氨氮浓度高低，设置单级或者多级串联渗滤耦合反应器	案例1：岑溪市义昌江沙冲河小流域稀土矿区尾水氨氮超标治理项目。建设规模：处理污水8000t/d，年处理氨氮总量280t。生态效益：项目年碳减排量2450t。 案例2：定南县上下营小流域稀土矿区尾水收集处理站项目。建设规模：处理污水3500t/d，年处理氨氮总量36t。生态效益：项目年碳减排量382t
16	非蒸发结晶零排放资源化技术	水污染治理	采用“表面接枝法”将常规盐硝分离纳滤膜进行针对性改性，确保纳滤膜表面电荷效应的有效性发挥最大效能，将高盐废水中的一价盐和二价盐进行高效分离。在此基础上，将氯化钠盐水中不同分子量的有机物进行超声催化氧化，借助催化剂掺杂的活性金属，催化臭氧产生足量的羟基自由基，强化富集的有机物和产生的羟基自由基在催化剂孔道界面上发生氧化反应，避免废水中阴离子对自由基造成淬灭，影响氧化效果。最终将废水中有机物氧化成二氧化碳、水和无机矿化物，确保回用于氯碱企业的氯化钠盐水指标优于离子膜进水指标，最终实现废水中氯化钠以非蒸发结晶的方式低成本资源化回收利用	案例：内蒙古亿利化学工业有限公司废水零排放分盐项目。建设规模：每小时50m^{3}高盐废水处理设备。生态效益：项目年节约原盐采购费用316.23万元，年节约黄河水采购费用62.8万元，年节约蒸发结晶费用1244.98万元

续表

序号	技术名称	产业类别	工艺技术内容	应用案例
17	非完全催化氧化耦合多效澄清的污水深度净化技术	水污染治理	经过二级生物处理后的难降解有机废水，进入高效非均相催化氧化反应器，通过特有的反应器构型及布水方式，在多金属负载型催化填料作用下发生催化氧化反应，有机物被矿化去除或形成中间产物，再通过多效澄清单元聚合和分离，从而实现对难降解有机物的高效去除	案例：重庆市涪陵区白涛潘家坝污水处理厂。建设规模：处理污水3万m^3/d。生态效益：项目能耗降低25%，药耗降低30%，COD去除率提升20%，COD削减1095t/a
18	树脂基纳米复合吸附剂处理痕量重金属废水技术	水污染治理	废水经过滤后，由泵提升进入吸附柱，通过吸附剂表面负载的特殊水合金属氧化物纳米颗粒进行大吸附容量、高效率、选择性的吸附，深度去除废水中的铅、镉、砷、锑、汞、铊等重金属污染物。吸附剂在酸性或碱性条件下可实现再生并重复使用。与市场同类型重金属吸附剂相比，吸附容量、再生率和使用寿命分别提高15%、10%和30%以上	案例1：车河选矿厂选矿废水深度处理工程。建设规模：处理水量6000 m^3/d的砂滤柱及纳米复合吸附柱。生态效益：出水水质的砷、镉、铅等指标可稳定达到《地表水环境质量标准》（GB 3838—2002）Ⅲ类水体标准。 案例2：成州冶炼厂冶炼废水深度处理工程。建设规模：处理水量2000 m^3/d的砂滤柱+活性炭柱+纳米复合吸附柱。生态效益：出水水质的汞、铊、镉、铅等指标可稳定达到《铅、锌工业污染物排放标准》（GB 25466—2010）及其修改的规定单中特别排放限值要求
19	污染场地原位靶向注入修复关键技术与装备	土壤污染治理	高压射流-定向喷注工艺利用水力压裂原理，解决了低渗透地层药剂注入难和传输距离小的问题；定向钻进-射流喷注一体化修复工艺通过高精度水平/垂直导向钻进，实现土壤和地下水污染的精准靶向修复，大幅度降低修复成本减少药剂浪费和二次污染；水平井修复工艺环境足迹小、不影响生产经营，有效解决了在产企业污染治理难题；（多层）多分支水平井立体修复工艺减少钻进量，显著降低大面积污染与修复成本	案例：南京毓恒码头及周边地块土壤修复工程。建设规模：修复土壤76530.2m^3、地下水34508.4m^3。生态效益：项目能耗降低60%、节能55.9tCE，碳排放减少36%、减排304.2t，二次污染减少30%以上、减少氧化剂用量111.3t

续表

序号	技术名称	产业类别	工艺技术内容	应用案例
20	废切削液原位绿色低碳智慧回收利用技术	其他污染治理和环境综合整治	采用精密网盘拦截技术（动态过滤网拦截+离心拦截+撞击板拦截三效合一、自清洁功能）+高压电离技术实现废气中油雾高效回收和深度净化，采用高速离心分离+紫外臭氧耦合杀菌技术实现废液高质量回收，采用渣液分离+AI智慧赋能技术实现废渣的渣液分离、切削液回收和废渣自动清运入库，整个系统通过节能环保智慧管理系统进行监控集成，整体实现废气、废液、废渣中切削液的在线回收	案例1：惠州比亚迪废气油雾回收及深度净化工程。建设规模：安装542台废气油雾回收及净化设备。生态效益：废气排放口油雾浓度小于0.02mg/m^3，每天从废气中回收切削液2～8L。 案例2：富士康废气油雾回收及深度净化工程。建设规模：安装60台废气油雾回收及净化设备。生态效益：废气排放口油雾浓度小于0.07mg/m^3，每天从废气中回收切削液2～8L
21	飞灰高温熔融资源化技术	其他污染治理和环境综合整治	将垃圾焚烧飞灰与多源固危废精准配比，在不高于1350℃温度熔融，有毒有害有机组分分解且产热补偿熔融能耗，重金属等无机组分相变融合并经水或空气冷却调控形成熔融玻璃化产物，达到《固体废物玻璃化处理产物技术要求》（GB/T 41015—2021）的规定，用于沥青路面集料、建设用砂石、喷射清理用非金属磨料及其他建材替代材料，无二次污染风险	案例1：浙江惠禾源环境科技有限公司20万t/a飞灰高温熔融资源化利用项目。建设规模：年处置飞灰等其他固危废20万t。生态效益：年节标准煤2.58万t，年碳减排量6.86万t。 案例2：绍兴市上虞众联环保有限公司资源综合利用及标准化改造项目。建设规模：年处置飞灰及危废热解炉渣等废物6.8万t。生态效益：年节标准煤1.71万t，年碳减排量4.54万t

三、资源循环利用产业

序号	技术名称	产业类别	工艺技术内容	应用案例
1	餐厨垃圾资源化处理成套技术装备研究及产业化应用	资源循环利用装备制造	研发集成两级精细分选制浆、“中高温”高效厌氧、新型蛋白饲料定向转化和沼液达标处理技术，形成系列化、标准化的餐厨垃圾低碳高值资源化利用成套装备，同时开发了餐厨垃圾收运处信息化中心和大数据平台，实现了项目精细化远程管理。餐厨垃圾预处理系统设备采用密封结构，各生产设备与输送设备之间采用密封连接，臭气通过设备上布置的收集管口收集，防止外泄	案例：常州市餐厨废弃物收集、运输及综合处置项目。建设规模：日处理餐厨废弃物400t。生态效益：项目年碳减排量3.6万t

续表

序号	技术名称	产业类别	工艺技术内容	应用案例
2	餐厨厨余垃圾高效热水解技术与装备	资源循环利用装备制造	利用餐厨厨余垃圾高效热水解技术，在高温高压环境下，将大分子有机物降解为小分子物质，从而转化为高品质的气态、液态和固态产物，实现垃圾的高效处理和资源化利用。餐厨垃圾及废弃油脂预处理设备采用“预洗涤+生物除臭+植物液洗涤”的多级除臭工艺；卸料大厅、预处理车间、沼渣脱水机房和污水预处理系统采用“两级植物液洗涤”除臭工艺	案例1：福州市餐厨废弃物处理及资源化利用工程。建设规模：日处理250t餐厨垃圾、25t地沟油。生态效益：项目已累计消纳处理约73万t餐厨垃圾，产生约510万m^3沼气、1800t生物柴油。 案例2：龙港市餐厨垃圾处理项目。建设规模：日处理100t餐厨垃圾。生态效益：项目日减少二氧化碳排放量13t
3	再生聚酯及膜材料关键制备技术	资源循环利用	采用高效醇解与酯交换相结合的方法，实现了废旧聚酯的高效回收；开发精制、改性重聚等技术实现了废旧聚酯的高质化再生；开发双向拉伸成型加工技术，制备再生聚酯薄膜，实现了再生产品的高值化利用。形成了从废旧聚酯到再生聚酯，再到功能性再生聚酯薄膜的成套工艺技术路线	案例1：河南源宏高分子新材料有限公司功能聚酯合成生产线技术改造项目。建设规模：年产5万t再生聚酯材料。生态效益：年碳减排量4.16万t。 案例2：新乡市新银新材料有限公司再生聚酯资源化循环利用示范工程项目。建设规模：年产2万t再生聚酯材料。生态效益：年碳减排量2.476万t
4	绿色高效转底炉协同处理钢铁厂固危废成套工艺及示范	资源循环利用	针对钢铁、有色等工业含铁、锌固废资源，采用转底炉直接还原工艺，开发多元复杂状态固危废协同耦合预处理、精准可靠炉内高温生产工艺过程控制、核心智能化关键设备自主集成等技术，有效回收利用铁、锌等有价值元素，实现了冶金固废的循环利用和无害化处置	案例1：宝武环科（湛江）资源循环利用有限公司2×20万t/a转底炉项目。建设规模：2台20万t/a转底炉。生态效益：年减少碳排放量1.25万t。 案例2：联峰钢铁（张家港）有限公司25万t/a转底炉项目。建设规模：1台25万t/a转底炉。生态效益：年减少碳排放量7803t
5	啤酒高浓废水与市政污水协同处理减污降碳资源化利用关键技术	资源循环利用	开发了啤酒高浓废水生物质碳源筛选、评价技术方法，将啤酒热凝固物作为污水厂生物质碳源，利用啤酒热凝固物分离及利用技术，将啤酒热凝固物+啤酒废水与市政污水资源化利用进行耦合，将啤酒厂高浓废水精准投加到下游污水厂替代碳源，低浓废水简单预处理后排入下游污水厂提高其可生化性，实现了啤酒废水与市政污水协同处理	案例1：青岛啤酒厂与青岛市团岛污水处理厂协同处理减污降碳资源化利用项目。建设规模：每年处理啤酒废水约89万m^3。生态效益：项目年碳减排量7636t。 案例2：青岛啤酒二厂与青岛市李村河污水处理厂协同处理减污降碳资源化利用项目。建设规模：每年处理啤酒废水约100万m^3。生态效益：项目年碳减排量6180t

续表

序号	技术名称	产业类别	工艺技术内容	应用案例
6	废旧锂离子电池综合回收利用技术	资源循环利用	利用废旧磷酸铁锂电池及废旧三元锂电池制备氯化锂溶液、三元前驱体以及电池级碳酸锂、无水氯化锂、电池级氢氧化锂等高纯锂盐产品，研发动力电池自动拆解、正极粉控电位浸出、有价金属高值化等关键技术及成套装备；研发抗污堵的离子印迹重金属吸附技术和重金属选择性吸附与定向转化技术，构建重金属回收高纯增值新工艺。通过废旧锂电池预处理技术、锂回收处理技术、镍钴锰回收处理技术、三元前驱体制备技术等提高了镍、钴、锰、锂等金属的回收率，降低了资源回收过程中对环境的影响	案例1：江西赣锋循环科技有限公司34000t/a废旧锂电池综合回收项目。建设规模：年处理废旧锂离子电池3.4万t，收集铝、铜废旧金属及废旧塑料、石墨等废料，生产氯化锂净化液1.69万t，镍、钴、锰混合硫酸盐净化液3.84万t。生态效益：项目年节电量11.36万kW·h。 案例2：江西赣锋循环科技有限公司12000t/a三元前驱体扩建项目。建设规模：年处理退役三元锂电池10万t、废三元极片1.6万t。生态效益：项目液碱单耗降低5%，废水循环利用率达93.6%
7	脱稳耦合平板膜法矿井水零排放技术	资源循环利用	采用“高密池+RO预浓缩+脱稳结晶器+DTRO深度浓缩+软化+平板纳滤+蒸发结晶干燥”的主体工艺。其中高密池耦合磁分离技术、脱稳结晶技术、平板膜技术是核心工艺技术。根据进水水质及产水等要求，进行脱稳及膜过程的有机排列与结合，实现废水零排放、盐资源化等过程	案例1：中能袁大滩矿业公司矿井水深度处理项目。建设规模：矿井水处理36000m^3/d。生态效益：实现回用水量1200万m^3/a。副产物硫酸钠、二水硫酸钙达到国标Ⅰ类一等品、一级标准。 案例2：郭屯煤矿高盐水治理BOT项目。处理规模：矿井水处理24000m^3/d。生态效益：实现回用水量800万m^3/a，副产盐品质达到工业Ⅰ类一等品标准
8	油页岩分质高效转化集成技术	资源循环利用	通过集成油页岩分质高效热解、全过程污染物深度减排、全流程动态匹配与系统智能监控、过程余能回收与梯级利用、页岩油深加工及干馏固废综合利用等一系列技术的应用，实现了油页岩分质高效转化，促进矿山固废的绿色资源化利用	案例1：抚顺矿业集团有限责任公司华强页岩烧结砖煤矸石、油页岩废渣烧结砖制备项目。建设规模：年产1200万块成品标砖。生态效益：项目年减少二氧化碳排放量2.4万t。 案例2：抚顺矿业集团有限责任公司页岩炼油厂余热利用项目。建设规模：余热供热面积20万m^2。生态效益：项目年节能量约4.79万tCE

续表

序号	技术名称	产业类别	工艺技术内容	应用案例
9	金铜冶炼含砷废渣综合利用技术	资源循环利用	以铜冶炼行业含砷烟尘和硫化渣为原料，采用以废治废，利用含砷烟尘与硫化砷渣协同处理技术，将含砷废渣中的有价金属铜、铅以铜精矿、铅精矿的形式产出，砷以白砷/金属砷产品产出，实现了废渣减量化、资源化	案例1：中原冶炼厂白烟尘和硫化渣综合处理项目。建设规模：年处理含砷废渣50000t。年回收铜渣18000t、铅精矿11000t、白砷5800t。生态效益：项目综合能耗为52.34kgCE/t原料，实现了含砷固废中的铜、铅、砷资源的综合回收利用。 案例2：中原冶炼厂白砷湿法还原制备单质砷项目。建设规模：白砷湿法还原制备单质砷能力250kg，年处理白砷10t。生态效益：项目实现了砷资源的高效利用和减量化，降低其对土壤、水源和大气的潜在污染风险
10	一种发热纤维的凝胶法制备工艺	资源循环利用	通过采用小分子接枝壳聚糖进行改性，在纤维上快速形成均匀且致密的膜层，同时通过凝胶法和浸渍法在纤维表面形成吸湿膜，利用吸湿发热原理提高纤维的保暖性。采用多孔PLA纤维/改性壳聚糖气凝胶复合网络结构，实现高空隙率、高稳定形态控制，保持性能稳定。该纤维可替代难以降解的ES纤维和PET纤维，解决保暖性吸湿性差的问题	案例："科技冬奥"冬季运动服装内胆项目。建设规模：年产10000套聚乳酸纤维仿生绒及冬季运动服装内胆。生态效益：项目每万吨功能性聚乳酸发热复合纤维相较于PET纤维可减少1.63万t碳排放，资源综合利用率提升5%以上
11	生物氧化工艺全系统升级关键技术研究与应用	资源循环利用	完成了生物氧化全系统关键技术的突破，形成了CGRI生物氧化技术，包括驯化构建并应用了性能优良的高效生物氧化工程菌，创新研发菌种三级放大培养技术和氧化活性调控技术、两段生物氧化技术及氧化液有价元素分离提取工艺，研制及应用高效生物氧化反应器，并对氧化渣洗涤工艺进行优化	案例1：辽宁天利金业有限责任公司生物氧化工艺应用项目。建设规模：日处理难处理金精矿200t。生态效益：年减排氰化物15t，年减排中和渣1.98万t，反应器年节电量360万kW·h，无废水废气产生。 案例2：江西三和金业有限公司生物氧化工艺应用项目。建设规模：日处理高砷难处理金精矿150t。生态效益：使高砷"呆矿"资源金回收率由20%以下提高到95%，年减排氰化物15t，年减排中和渣1.49万t，反应器年节电量330万kW·h，无废水废气产生

续表

序号	技术名称	产业类别	工艺技术内容	应用案例
12	废旧动力电池有价组分清洁回收技术	资源循环利用	采用废旧动力电池有价组分清洁回收新技术，利用国产全自动拆解设备进行废旧电池拆解破碎分选，创新开发了包括废旧电芯高效焙烧分离正极粉末、废旧动力电池选择性回收有价金属、极粉复杂浸出液协同净化制备高纯硫酸锰等核心技术。采用自动化拆解-浸出-净化-萃取-蒸发结晶等工艺制备电池级硫酸镍、电池级硫酸钴、电池级硫酸锰、工业级碳酸锂	案例：宁夏百川新材料有限公司废旧电池回收产线项目。建设规模：废旧电池芯拆解设计产能12000t/a；钴锰催化剂处理设计产能300t/a；废旧磷酸铁锂电池回收设计产能6000t/a；废旧三元电池回收设计产能6000t/a；极片粉碎分选线设计产能1t/h。生态效益：项目年碳减排量4.4万t
13	荒煤气清洁高效转化制乙二醇产业化绿色应用技术	资源循环利用	以煤炭热解尾气（荒煤气）为原料，由转化、变换、酸脱、吸附分离等一系列技术集成，将荒煤气中的价值较高的合成气组分氢气、一氧化碳提取，通过羰化加氢技术生产乙二醇。荒煤气在转化过程中将其中的有机硫转化成易回收的硫化氢，并通过湿法硫回收装置生产硫黄	案例1：哈密广汇环保科技有限公司荒煤气综合利用年产40万t乙二醇项目。建设规模：年产40万t乙二醇。生态效益：每年可回收荒煤气26.5亿Nm^3，直接减排二氧化碳约62.8万t，相比煤制乙二醇间接减排二氧化碳173万t。 案例2：伊吾广汇1500万t/a煤炭分质分级利用示范项目。建设规模：年产LNG约77万t、燃料电池氢气约2万t。生态效益：每年可回收荒煤气128亿Nm^3，直接减排二氧化碳约211万t，碳捕集回收二氧化碳50万t/a，合计年减排二氧化碳约260万t
14	多源大宗工业固废物相重构及规模化道路利用关键技术	资源循环利用	通过对钢渣、粉煤灰、煤矸石、高炉矿渣、硅锰渣等硅铝质固废物相结构及活性分析，形成基于解聚度的固废分级及协同利用技术。针对不同条件下的物相重构特征，基于工业固废协同效应，提出绿色公路工程固废材料组成设计方法。建立多源固废用于道路工程中的长期耐久性与疲劳特性评价方法，构建“材料-工程-环境”多属性协同下工业固废活性提升综合利用技术体系	案例1：G1816乌海至玛沁公路惠农（蒙宁界）至石嘴山段工程。建设规模：公路全长57.3km，消纳工业固废超300万t。生态效益：项目碳减排量超3万t，节能量超4000tCE，节约土地占用10万m^2。 案例2：国道109线惠农至黄渠桥段改扩建工程。建设规模：铺筑钢渣路面1.6km，消纳钢渣1万t。生态效益：项目碳减排量约40t，节能量约6.6tCE

续表

序号	技术名称	产业类别	工艺技术内容	应用案例
15	厨余垃圾精细预处理+定向厌氧制酸（VFAs）替代碳源技术	资源循环利用	由精细预处理、厌氧水解、厌氧酸化、酸分离技术及有机酸替代碳源使用技术组成。将厨余垃圾生物转化为替代污水处理补充碳源的有机酸液，实现以废治污、协同增效、低碳循环。除臭工艺为“水洗+二级生物滤池+化学吸收（应急）+排气筒”，处理后排放的废气能够达到国家和地方有关标准	案例1：深圳市大鹏新区城市管理和综合执法局大鹏新区厨余垃圾协同处理应用示范项目。建设规模：厨余垃圾处理能力9t/h。生态效益：该项目每处理1t厨余垃圾可为市政污水厂节约0.09～0.12t乙酸钠复合碳源的投加，相比主流工艺节约至少40%的占地面积、约50%的电耗。 案例2：深圳市宝安区市容环境综合管理服务中心宝安区厨余垃圾收运处理服务项目。建设规模：厨余垃圾处理能力18t/h。生态效益：该项目每处理1t厨余垃圾可为市政污水厂节约0.09～0.12t乙酸钠复合碳源的投加，相比主流工艺节约至少60%的占地面积、约50%的电耗
16	生物质热化学转化的能源化和材料化——碳汽联产技术	资源循环利用	通过创新梯级控温定向热解、油气在线利用、复合气体活化等关键技术，自主研发自热型辐射热解/活化核心装备，实现高品质生物炭、生物质活性炭的大批量制备和蒸汽的大量输出；开发系列先进碳材料，集成万吨级碳汽联产成套技术，实现了对棉秆、果木等高木质生物质的规模化和高值化利用	案例1：新疆赛诺凯生物科技有限公司棉秆果木热解碳汽联产项目。建设规模：一期建设规模为处理棉秆果木5万t，生物炭产量1万t，蒸汽产量15万t。生态效益：年碳减排量8万t。 案例2：山东天纳德生物科技（德州）有限公司果壳炭蒸汽联产项目。建设规模：一期建设规模为果壳活性炭产量5000t，蒸汽产量5万t。生态效益：年碳减排量1.9万t
17	含碳工业尾气生物发酵法制生物乙醇及蛋白	资源循环利用	以含碳工业尾气中的一氧化碳、二氧化碳、氢气为原料发酵制备生物乙醇及蛋白，并实现产业化。通过原料气预处理、发酵、蒸馏脱水、菌体蛋白浓缩干燥、尾气处理及热能回收、污水处理六大关键工艺，形成一套成熟的工艺技术集成系统	案例：河北首朗新能源科技有限公司4.5万t/a钢铁工业煤气生物发酵法制生物乙醇项目。建设规模：年产生物乙醇4.5万t和饲料蛋白5500t。生态效益：项目年减碳量14.85万t
18	湿法磷酸副产氟硅酸制取无水氟化氢技术	资源循环利用	通过湿法磷酸副产氟硅酸与硫酸反应，生成无水氟化氢及四氟化硅，氟化氢经过蒸馏及净化得到无水氟化氢产品，四氟化硅循环回收利用。本技术开拓了一条不同于萤石法生产无水氟化氢产品工艺技术的新途径，既推动了解决磷肥生产的环保问题，又拓宽了氟资源来源	案例1：贵州瓮福开磷氟硅新材料有限公司年产3万t无水氟化氢项目。建设规模：年产3万t无水氟化氢。生态效益：吨产品能耗0.45tCE。 案例2：云南瓮福云天化氟化工科技有限公司年产3万t氟化氢/氢氟酸项目。建设规模：年产3万t氟化氢/氢氟酸。生态效益：吨产品能耗0.45tCE

续表

序号	技术名称	产业类别	工艺技术内容	应用案例
19	农业有机固废酶解高效腐熟关键技术	资源循环利用	利用酶促反应快速降解农林废弃物，将分离和提取的酶制剂进行组合，建立多极靶向性酶系统，实现不同农林废弃物标靶性处理，集成酶解、水解、热解等快速制备有机肥。改变传统微生物发酵，无呼吸作用，不受配比碳氮的制约。高温酶解原位智能处理装备，采用自控系统，全封闭式一体化高温快速处理，2～3h发酵完成，温室气体排放趋近于0，实现碳的全量循环利用	案例1：天津市武清区园林绿化中心枯枝落叶酶解高效腐熟关键技术应用。建设规模：年处理枯枝落叶5万t。生态效益：减少二氧化碳排放量3.66万t。 案例2：天津市福远养殖场畜禽粪污高效高值处理与利用关键技术应用。建设规模：年处理畜禽粪污2.5万t。生态效益：减少二氧化碳排放量1.69万t
20	循环水电化学处理技术	资源循环利用	电化学水处理系统采用低压直流电输入专有设备，通过微电解与专利涂层协调作用，在阴极区将结垢物质变成固体和生物黏泥一起排出水体，防止结垢；在阳极区产生强氧化杀菌物质，杀灭水体中滋生的细菌和藻类，减少腐蚀。通过阴极除垢、阳极杀菌，实现循环水系统水体清洁	案例1：山西美锦能源股份有限公司循环水系统电化学升级改造项目。建设规模：循环水处理量9200m^3/h。生态效益：项目年节约补充水量27%，减少循环水排污量81%。 案例2：河南济源钢铁（集团）有限公司1#发电机组电化学项目。建设规模：循环水处理量2000m^3/h。生态效益：项目年节约补充水量106万t，节约循环水排污量106万t，碳减排量3.36万t
四、能源绿色低碳转型				
1	百兆瓦级先进压缩空气储能技术	新能源与清洁能源装备制造	采用自主研发的先进压缩空气储能技术，突破了100～300MW级先进压缩空气储能全套核心技术，完成了国际首套100MW和300MW系统核心设备研制及国际首个示范项目建设。该系统在储能时利用低质、低谷电驱动压缩机将空气压缩，通过级间换热将压缩热储存在蓄热系统中，高压空气降温后储存于储气系统；释能时将高压空气从储气系统释放，经级前换热器，将蓄热系统储存的压缩热给空气升温后驱动膨胀机发电，具有规模大、成本低、寿命长、清洁无污染、安全可靠等优势	案例1：张家口百兆瓦先进压缩空气储能国家示范项目。建设规模：100MW/400MW·h。生态效益：项目每年可发电1.32亿kW·h，年节能量约4.2万tCE，碳减排量约10.9万t。 案例2：山东肥城300MW先进压缩空气储能国家示范电站项目。建设规模：300MW/1800MW·h。生态效益：项目每年可发电5.94亿kW·h，年节能量约18.9万tCE，碳减排量约49万t

续表

序号	技术名称	产业类别	工艺技术内容	应用案例
2	锌铁液流储能电池	新能源与清洁能源装备制造	利用锌和铁在电解液中的化学反应实现能量的储存与释放。电池电解液采用碱性水系电解液配方，极大提升电池的安全性。电池容量与功率解耦，可以独立扩展的功率模块和容量模块，使系统规模及储能时长按需灵活调整，适配于源网荷各侧应用场景	案例1：上海市杨浦区锌铁液流电池储能示范项目。建设规模：100kW/400kW·h锌铁液流电池储能系统。生态效益：年碳减排量83.26t。 案例2：江西电建兆瓦级锌铁液流电池储能系统关键技术开发及产业化项目。建设规模：200kW/600kW·h锌铁液流电池储能系统。生态效益：年碳减排量124.9t
3	固体氧化物燃料电池	新能源与清洁能源装备制造	燃气经过除硫除杂等处理后，与水在BOP（辅助系统）中一同被加热，并送入电堆模组阳极，在催化剂的作用下发生重整反应产生氢气；常温的空气经过滤除杂后，通过风机送入BOP中加热，进入电堆模组阴极；一方面，氢气和空气中的氧气在电堆模组内发生电化学反应，将化学能转化成电能和热能；另一方面，电堆中未反应的氢气和空气通过燃烧反应将化学能转化为热能，为BOP提供能量，并维持系统的热平衡；燃烧烟气中未被BOP利用的低品位能量，通过余热回收储存	案例1：惠州天然气电厂210kW SOFC发电系统示范。建设规模：装机容量210kW，厂内自发自用。生态效益：每年减少碳排放量约423.3t，节约能耗200.1tCE，无氮氧化物、硫氧化物排放。 案例2：深圳三环科技大厦200kW SOFC发电系统示范。建设规模：装机容量200kW，园区自发自用。生态效益：每年减少碳排放量约403.14t，节约能耗190.57tCE，无氮氧化物、硫氧化物排放
4	预应力钢管构架式风电机组塔架关键技术	新能源与清洁能源装备制造	通过引入预应力技术，缓解全钢结构塔身的节点疲劳，将钢结构塔身下部设计为构架式增强刚度，采用四点式承重分布减少塔架实际占地面积，可以跨灌渠、跨生产道路、跨老旧设施，低噪声易选址，后期运维采用以检代维方式	案例1：华益里岔风电场工程项目。建设规模：装机容量为21.6MW，采用4台轮毂高度160m、1台轮毂高度170m预应力抗疲劳构架式钢管风力发电塔，单机采用3600kW风力发电机组。生态效益：年发电量4900.84万kW·h，节能量1.5万tCE，二氧化碳减排量2.8万t。 案例2：融汇通铺集风电场工程项目。建设规模：装机容量为32.4MW，采用9台轮毂高度160m预应力抗疲劳构架式钢管风力发电塔，单机采用3600kW风力发电机组。生态效益：年发电量9619.6万kW·h，节能量2.9万tCE，二氧化碳减排量5.5万t

续表

序号	技术名称	产业类别	工艺技术内容	应用案例
5	柔性直流微电网直流接入技术	新能源与清洁能源装备制造	采用隔离型DC-DC变换装置、模块化设计和数字化调控技术，研发光伏直接接入电解铝的直流变换装备，通过分布式光伏直流接入电解铝的微电网能量管控系统，实现直流微电网实时监测、能量管理、柔性调节、安全风险预警等功能，保障直流微电网直流接入电解铝系统的安全稳定运行	案例1：国家电投集团云南国际电力投资有限公司云铝阳宗海绿色铝产业园绿色智慧能源示范项目二期。建设规模：12MW分布式光伏柔性直流微电网系统。生态效益：项目每年发电1392万kW·h、节能量4217.8tCE，减排二氧化碳7938.6t。 案例2：内蒙古大唐国际呼和浩特铝电公司厂内分布式光伏发电项目。建设规模：直流侧17.6MW分布式光伏柔性直流微电网系统。生态效益：项目年均发电2550万kW·h、节能量7726.5tCE、减排二氧化碳14542.7t
6	一种高耐久、抗反极的燃料电池CCM及其制备方法	新能源与清洁能源装备制造	采用三合一分散方式处理CCM浆料，通过在质子膜阳极侧依次制备阳极浆料和阳极IrO_2抗反极功能层，在阴极侧依次制备阴极浆料和阴极IrO_2抗反极功能层，制成具有抗反极能力的CCM。解决由于燃料电池断氢重启，阳极欠气引起阳极催化剂失效、电堆供气不足，进而造成阳极电势高于阴极电势等发生的反极催化剂载体腐蚀问题，提高燃料电池使用寿命和安全性	案例1：安凯氢燃料电池公交车示范运营项目。建设规模：55台氢燃料电池示范运营公交车，总运营里程超391×10^7m。生态效益：累计碳减排量约2617t。 案例2：北汽福田氢燃料电池公交车示范运营项目。建设规模：13台氢燃料电池示范运营公交车，总运营里程超243×10^7m。生态效益：累计碳减排量约1626t
7	规模化熔盐储能技术	新能源与清洁能源装备制造	熔盐储热系统由加热系统、储热和放热三个模块组成，储热模块包括一个热盐罐和一个冷盐罐组成的双罐系统。当机组在低负荷时段需要调峰时，启动储热模块，通过多种类型储热模块对熔盐进行储热，冷盐罐中的冷熔盐获得热量温度升高后，储存在热盐罐中；当机组需要顶尖峰负荷时，热盐罐中的高温熔盐通过放热模块进行放热代替机组抽汽甚至主汽，使机组的做功能力增加，提高机组发电量。放热后的熔盐温度降低回到冷盐罐中储存	案例1：青海德令哈塔式熔盐50MW光热电站项目。建设规模：装机容量50MW、7h储热设施。生态效益：年碳减排量12.1万t。 案例2：绍兴绿电熔盐储能项目。建设规模：装机容量150MW、10h储热及100t/h的供汽设施。生态效益：年碳减排量26.8万t

续表

序号	技术名称	产业类别	工艺技术内容	应用案例
8	3.35MW·h液冷锂离子电池储能预制舱	新能源与清洁能源装备制造	采用模块化设计，实现电池单体、模块、簇、堆动力、通信、热管理、消防标准接口设计及紧凑排布，打造容量3.35MW·h的20尺标准舱单元储能子阵；采用电池模块液冷板、液冷管路、液冷机组一体化设计，优化液冷板流道、三级管路管径，并基于电芯温差动态调整制冷温度、流量，实现每个电芯温度精细化管理；采用主/被动多级分层安全防护体系，通过BMS（电池管理系统）、辅控等储能管控系统，建立热管理、安全预警、控制保护、系统联动策略等主动安全防护体系，提升储能安全水平	案例1：三峡庆云储能示范项目。建设规模：100.8MW/214MW·h，由64个3.35MW·h储能舱组成。生态效益：该储能项目建成投运相当于植树453万棵，年节能量2.52万tCE、减排二氧化碳8.3万t、可提供绿色清洁电能0.7亿kW·h。 案例2：德州临邑储能示范项目。建设规模：100MW/201MW·h，由60个3.35MW·h储能舱组成。生态效益：该储能项目建成投运相当于植树425万棵，年节能量2.36万tCE、减排二氧化碳7.8万t、可提供绿色清洁电能0.66亿kW·h
9	退役动力电池整包梯次利用技术及应用	新能源与清洁能源装备制造	通过自研转接板收集电池包内各项信息并汇总给自研BMS主板。自研BMS获取信息并接收EMS指令，控制电池包充放电，同时判断电池包是否具备条件进行充放电；结合人工智能算法进行智能化分析和优化调度，以确定最佳的梯次利用方案，并据此制定维护与处理决策。整个过程实现电池包无损梯次利用并运用于储能领域，有效延长电池包使用寿命	案例1：嘉奇能源整包利用储能示范站项目。建设规模：20尺风冷柜标准集装箱，采用磷酸铁锂电池包，储能系统蓄电量500kW·h，额定功率200kW。生态效益：项目年碳减排量125.47t。 案例2：杰成新能源整包利用储能示范站项目。建设规模：20尺液冷柜标准集装箱，采用磷酸铁锂电池包，储能系统蓄电量1000kW·h，额定功率500kW。生态效益：项目年碳减排量250.93t
10	中深层地下岩热型供热系统	清洁能源设施建设和运营	通过钻机向地下深度2～3km、温度70～90℃的中高温岩土层钻孔，在孔径2～3cm的钻孔中安装一种密闭的金属换热器，通过换热器内的闭路循环介质传导将地下深处的热能导出，并通过专用设备系统向地面建筑物供热	案例1：西吉县将台堡镇中心小学中深层无干扰地岩热项目。建设规模：项目总建筑面积1.3万m^2，总热负荷665kW。生态效益：项目年节能量116.6tCE、二氧化碳减排量288.1t、二氧化硫减排量2.8t、粉尘减排量1.7t、氮氧化物减排量0.86t。 案例2：庆阳市西峰区团结小学新校区中深层无干扰地岩热供暖项目。建设规模：项目总建筑面积4.1万m^2，总热负荷1049kW。生态效益：项目年节能量378tCE、二氧化碳减排量933.65t、二氧化硫减排量7.56t、粉尘减排量3.78t、氮氧化物减排量2.87t

续表

序号	技术名称	产业类别	工艺技术内容	应用案例
11	新型光伏建筑一体化技术	清洁能源设施建设和运营	通过光伏建材技术和装配式光伏建筑构件技术集成，形成玻铝复合光伏建材、模块装配式光伏建筑构件、全信息数字化设计与评价体系、快速装配式施工与维护技术、光热利用与多能互补技术、建筑智慧能源管理与碳云平台、光风储智能一体化的区域性碳中和技术等新型光伏建筑一体化节能降碳技术	案例1：大连凯旋国际大厦灾后重建BIPV项目。建设规模：光伏墙体面积3100m²，总装机量247.69kW。生态效益：年发电量20万kW·h，可以满足建筑自身30%左右的用电需求，每年可降低碳排放量约147t，25年内减排二氧化碳3684t，实现建筑运行阶段减碳30%以上。 案例2：国华大连自贸区BIPV分布式光伏一批次项目。建设规模：总装机容量2.0968MW。生态效益：年发电量245.5368万kW·h，可以满足建筑自身50%左右的用电需求，每年减排二氧化碳2043t，25年内减排二氧化碳51076t，实现建筑运行阶段减碳30%以上
12	基于构网型储能的纯新能源电力系统构建及示范运行关键技术	能源系统安全高效运行	通过采用构网型技术，设计合理的安全稳定防御体系和稳定防线，研发了能够支撑纯新能源电力系统长周期稳定运行的能量平衡及频率电压安全稳定一体化控制系统，满足系统不同响应时间尺度控制需求，实现纯新能源电力系统并/离网无缝切换、正常及各类故障扰动冲击下安全稳定运行，提升高比例新能源消纳能力	案例：额济纳“源网荷储”微电网一体化示范项目。建设规模：新建25MW/25MW·h构网型储能及其一体化装备及配套系统。生态效益：项目成功离网3次累计供电量160.96万kW·h，减碳487.71t，相比常规新建输电线路减少投资8.75亿元，避免对生态保护区及候鸟迁徙等影响
13	光储直柔园区/社区微电网技术	能源系统安全高效运行	通过多尺度建筑柔性资源优化配置方法，优化园区/社区直流微网系统架构，提升能源效率与光伏发电自用率；结合深度强化学习技术构建园区/社区用能预测模型，制定微网柔性运行控制策略，通过互联优化控制技术，实现需求侧响应及储能高效利用	案例1：中国建筑绿色产业园微电网项目。建设规模：5MW屋顶分布式光伏+集中式电化学储能+柔性智能双向V2G充电桩+柔性建筑能源管理器+柔性末端控制核心+虚拟电厂管理平台。生态效益：年减排二氧化碳3309.95t。 案例2：新城建示范及智能建筑产业园一期项目。建设规模：1016.82kW屋顶分布式光伏+“光储直柔”建筑+高效区域供冷系统+高效机电系统+柔性智能双向V2G充电桩+智慧能源管理平台。生态效益：年减排二氧化碳1878t

续表

序号	技术名称	产业类别	工艺技术内容	应用案例
14	基于人工智能的高海拔风电场全生命周期高精度视觉检测系统	能源系统安全高效运行	基于人工智能技术研发该系统，实现风机全生命周期高精度视觉检测。制造阶段，通过3D视觉量测技术实现风机关键部件的尺寸快速复核；安装阶段，通过超远视距目标定位技术实现复杂工况风机部件的智能吊装引导；运维阶段，基于双光融合的AI检测算法，采用无人机高复杂度360°环绕巡检技术，实现叶片毫米级缺陷高精度检测与定位	案例1：中电建新能源集团股份有限公司华中分公司桂阳水源风电场项目。建设规模：装机64台2MW的风力发电机组。生态效益：每年减少二氧化碳排放量1186t。 案例2：中电建新能源集团股份有限公司华中分公司蓝山十里冲风电场项目。建设规模：25台2MW的风力发电机组。生态效益：每年减少二氧化碳排放量471t
15	分布式光伏接入配电网关键支撑技术及应用	能源系统安全高效运行	基于分布式光伏承载力评估技术、分布式光伏出力预测技术、主配网协同控制技术，研发了分布式光伏监测评估与调度运行系统，实现分布式光伏功率预测、承载力评估、优化控制等功能，保障分布式光伏大规模接入	案例：西吉县村级光伏扶贫电站项目。建设规模：装机容量2.2万kW。生态效益：项目年均发电量为1860万kW·h，节能量5697tCE，减少二氧化碳排放量14200t
16	低阶煤低温热解旋转床分质转化清洁高效绿色综合利用技术	传统能源清洁低碳转型	采用两段式加热。第一段是旋转床低温热解装置，原料煤在旋转床中隔绝空气从室温逐渐被加热到450～500℃，主要提取焦油组分，在提高焦油收率的同时确保油气品质。第二段是深度热解装置，提质煤进一步升温至500～750℃进行深度热解，把高附加值的煤气尽可能地利用起来，从中提取出天然气和氢气	案例1：河南龙成煤高效技术应用有限公司煤制油项目。建设规模：单系统50万t/a粉煤低温热解工业化装置。生态效益：年碳减排量约3万t。 案例2：河北龙成煤综合利用有限公司煤制油项目。建设规模：单系统100万t/a、总规模500万t/a煤清洁高效综合利用一体化示范装置。生态效益：热解装置能源转化效率标定值为93.2%，年碳减排量约为28.5万t
17	废锅流程干煤粉加压气化技术	传统能源清洁低碳转型	结合强效混合气化与积灰防控换热技术，实现煤炭气化的同时稳定副产高压蒸汽，显著提升气化效率和能量利用率，煤种适应性广。配备半废锅和全废锅两种工艺流程，为不同项目提供定制解决方案：对于高水气比要求项目（如合成氨），采用"干煤粉加压纯氧气化+辐射废锅余热回收+多级水洗"半废锅流程方案；对于一般水气比要求项目（如甲醇、天然气），采用"干煤粉加压纯氧气化+辐射废锅+高温气固分离+对流废锅"全废锅流程方案	案例1：浙江巴陵己内酰胺有限责任公司传统煤制氢提标改造及副产合成氨联合装置技改项目。建设规模：2套85000Nm³/h（一氧化碳+氢气）半废锅气化炉。生态效益：单炉100000Nm³/h（一氧化碳+氢气）运行，单炉年副产高压蒸汽28万～32万t，可节省标准煤4万t，减少二氧化碳排放量超过10万t，废水外排减少50%。 案例2：盛虹炼化（连云港）有限公司盛虹炼化一体化项目。建设规模：4套175000Nm³/h（一氧化碳+氢气）全废锅气化炉。生态效益：单炉180000Nm³/h（一氧化碳+氢气）运行，单炉年副产高压蒸汽80万～88万t，可节省标准煤11.4万t，减少二氧化碳排放量超过30万t，废水外排减少50%

续表

序号	技术名称	产业类别	工艺技术内容	应用案例
五、生态保护修复和利用				
1	世界自然遗产地钙华自然修复保育技术	生态保护修复	通过原位调控钙华沉积源水的主要指标（流速、水流厚度、主要离子浓度、脱气程度、藻类活动等）提升钙华沉积能力，基于“河道调控、二次强化、流态优化、源水调配、规模保育”的成套技术快速形成富碳酸钙颗粒景观水和新生胶结–致密钙华层，达到钙华水域景观修复和品质提升的目的	案例1：四川黄龙世界自然遗产的映月彩池自然保育项目。建设规模：自然脱气河道75m+水下射流修复管15组（临时设施）+流态调节管11组（临时设施）+脱气虹吸管6组（临时设施）等。生态效益：世界自然遗产地内呈规模化复原钙华彩池群景观面积3050m²。 案例2：四川九寨沟县神仙池莲花台试点区自然修复项目。建设规模：自然脱气河道172m+源水调节池1处+人工脱气泵组3套（临时设施）+流态调节池2个+水下射流修复管3组（临时设施）。生态效益：为青藏高原东缘岷山地区持续近50年的源水型钙华退化提出安全且实施性良好的原位修复技术，并复原钙华彩池群和滩地景观面积300m²
2	MABR地表水体净化技术	生态保护修复	微生物膜附着生长在透氧中空纤维膜表面，水体中的污染物在浓差驱动和微生物吸附等作用下进入生物膜内，经过生物代谢和增殖被微生物利用，使水体中的污染物同化为微生物菌体固定在生物膜上或被分解成无机代谢产物，从而实现对水体的净化	案例1：天津滨海高新技术产业开发区城市管理和环境保护局海泰南北大街景观河道水生态治理工程。建设规模为河道长1.6km，水面宽度约为15m，水深1.7～2m。生态效益：水体主要指标（COD、氨氮和溶解氧）达到并优于治理目标《地表水环境质量标准》（GB 3838—2002）四类标准。 案例2：天津经济技术开发区建设和交通局东排明渠人工强化水生态修复项目。建设规模：河道长2.3km，水面宽度为25～40m，水深1～3m。生态效益：水体主要指标（COD、氨氮和溶解氧）达到并优于治理目标《地表水环境质量标准》（GB 3838—2002）五类标准
3	高性能植物垫新技术在露天矿山生态修复中的应用研究	国土综合整治	通过选取最优配比的植生基质和植物种子，装入特质的双层可降解无纺布植物垫，多维加筋锚固于岩面上，再喷播8～10cm的植生基质，结合给排水机构迅速形成两层土壤结构，形成适合植物生长的立地环境，克服了高陡边坡固土难的问题，使群落结构本身发生动态过程变化，恢复高陡矿山生态	案例1：乐东县尖峰镇岭头马鞍岭建筑用花岗岩石料矿山地质环境治理与生态修复工程。建设规模：消耗1650t秸秆和4870t禽畜粪便，恢复矿山裸露坡面面积约33.49万m²，项目范围约65.03万m²。生态效益：项目碳减排量760t。 案例2：京昆高速沿线（满城段）“白茬山”生态修复高标准示范带工程馒头山矿山生态环境综合治理项目。建设规模：消耗1850t秸秆和5550t禽畜粪便，恢复矿山裸露坡面面积约6.8万m²，治理区面积约37万m²。生态效益：项目碳减排量863t

续表

序号	技术名称	产业类别	工艺技术内容	应用案例
六、基础设施绿色升级				
1	新型装配式组合结构及配套技术体系	建筑节能与绿色建筑	通过研发四边不出筋密拼连接预制楼板等新型装配式预制楼板、型钢与钢筋混凝土高效组合柱、梁、剪力墙等新型结构构件、新型一体化集成外围护墙系统以及预制构件数字化生产、安装及检测等技术，形成了新型装配式组合结构及配套技术体系	案例1：萧政储出（2018）34号地块新建项目。建设规模：建筑高度约99m、建筑面积约15万m^2的高层办公楼。生态效益：项目施工速度快，钢构件可循环利用，有效减少环境污染。 案例2：杭州汽车超人总部大楼项目。建设规模：建筑高度约80m、建筑面积约9.3万m^2的高层办公楼。生态效益：项目主体结构用材省、用工少、自重轻，节材环保效益显著
2	非挤土植入式预制桩关键技术	建筑节能与绿色建筑	通过不取土钻孔将孔内土液化，实现“静钻”，利用自重将工业化的高性能预制桩植入孔内至端部扩底处，实现“根植”，通过注浆材料直接固化孔内液化土，最终形成预制桩-固化土-土协同作用一体受力结构，提高桩基承载性能，实现“无泥浆排放”	案例1：宁波长丰区块拆迁安置居住建设项目。建设规模：建筑面积19万m^2的桩基础工程量达10.96万m。生态效益：建设过程其桩基础混凝土用量和现场泥浆排放量较传统钻孔灌注桩分别减少67%和68.4%。 案例2：浙能温州电厂四期“上大压小”建设项目。建设规模：2×600MW规模的电厂建设项目桩基础工程量达10.65万m。生态效益：建设过程中桩基础工程节约投资10%以上、混凝土用量节约82%、施工用水节约73%、泥浆排放量减少64%
3	EMC装配式叠合混凝土结构技术体系	建筑节能与绿色建筑	采用统筹配筋方法将不同功能钢筋进行分离配置，叠合墙板和叠合柱内预埋金属波纹管形成贯通竖孔，受力竖筋在竖孔内机械连接或搭接连接，在竖孔内后浇混凝土。当外墙板与保温材料复合时可形成EMC预制夹心保温墙板，实现结构、保温一体化、同寿命	案例1：北京市朝阳区太阳宫居住用地项目。建设规模：总建筑面积110804.95m^2。生态效益：项目工期优化30%，实现装配式建筑高效加工、施工和提质降本增效的目标。 案例2：北京市朝阳区平房乡棚户区改造和环境整治项目。建设规模：总建筑面积72926.45m^2。生态效益：实现降低成本、提升质量、提高构件加工及施工效率、优化工期的实施效益

续表

序号	技术名称	产业类别	工艺技术内容	应用案例
4	装配式装修智能建造技术	建筑节能与绿色建筑	通过开放型装配基座+定制化饰面+菜单式通用产品+标准化接口+数字化支撑的构造体系，建立以全屋内装部品为代表的绿色部品体系，以APS（高级计划与排程系统）+MES（制造执行系统）+WMS（仓库管理系统）为核心的装配式装修部品智能制造生产平台，以部品编码为数据基础的装配式装修数字建造系统	案例1：北京保障房中心有限公司通州区丁各庄公租房装配式装修项目。建设规模：装配式建筑总建筑面积10241m^2。生态效益：项目相比传统装修减碳57%，节水90%、节材20%。 案例2：北京陕创企诚置业有限公司、北京融贸晟璟置业有限公司海淀区融创树村精装修项目。建设规模：装配式建筑总建筑面积为174134m^2。生态效益：项目减少碳排放量52153t
5	建筑外立面智慧光伏系统技术	建筑节能与绿色建筑	开发了适配建筑要求的光伏模块，质感、颜色、可透光性等方面均满足建筑外立面的功能及美观需求，抗风压、气密、水密、保温隔热、防火等性能符合建筑规范要求；研发了智能管控系统，提高了建筑可再生能源利用率	案例1：中国西部科技创新港科研七号楼项目。建设规模：总建筑面积约1.2万m^2，应用“建筑外立面智慧光伏系统技术”面积2755m^2。生态效益：年发电约40万kW·h，建筑年用电量约35万kW·h，满足建筑100%用电需求，年碳减排量约398t。 案例2：榆林高新区企业创业园3号楼项目。建设规模：总建筑面积约3.8万m^2，应用“建筑外立面智慧光伏系统技术”面积1176m^2。生态效益：年发电量约21.7万kW·h，年碳减排量约140t
6	城市轨道交通高效空调系统关键技术研究	绿色交通	针对轨道交通车站空调系统能耗占比大、能效低，环境动态、模式复杂的特点，建立高效空调系统性能预测模型，针对多目标多参数复杂控制对象，研发了高效空调系统精细化设计方法，开发在线学习控制模型，搭建云端智能运维平台，实现空调系统长期高效运行	案例1：广州地铁三、五号线环控系统合同能源管理项目。建设规模：合计42个车站（含4个集中冷站），总装机容量17600RT，项目初始投资2.9亿元。生态效益：实施后车站环境温度和空气品质明显改善，空调系统实现节能率≥40%，平均年节电量约0.33亿kW·h。 案例2：港铁（深圳）4号线一期工程车站空调系统能源管理项目。建设规模：合计4个车站，总装机容量1200RT，项目初始投资1600万元。生态效益：改造后合同期内空调系统节能率47.18%，合同期内空调系统可节约电量4943.96万kW·h

续表

序号	技术名称	产业类别	工艺技术内容	应用案例
7	免涂装耐候钢混组合结构加劲梁悬索桥关键技术	绿色交通	通过设计和研发悬吊体系耐候钢格子梁+预制混凝土桥面板组合结构、耐候性能和力学性能与母材匹配的耐候桥梁钢焊材及耐候桥梁钢焊接工艺、耐候桥梁钢水喷淋表面预处理技术及钢加速锈层稳定化新工艺，形成免涂装耐候钢-混组合结构加劲梁悬索桥关键技术体系	案例1：怀来官厅水库特大桥。建设规模：全桥长度1988m，主桥为720m悬索桥。生态效益：采用免涂装耐候钢，避免钢梁涂装对水源保护区的污染，节省初期建设成本3150万元，节省运营期涂装费用4600万元。 案例2：黑河大桥（中俄共建跨界河大型公路桥）。建设规模：全桥长度1284m，主桥为（84.75+84+5×147+84+84.75）m六塔叠合梁矮塔斜拉桥。生态效益：主桥和索塔钢结构采用Q420qFNH耐候钢，全寿命周期成本节省43%
8	物流行业仓储与运输碳足迹监测、报告、核查与跟踪（MRV-T）数字化减碳技术	绿色物流	MRV-T数字化碳足迹平台通过传感器获取终端碳排放数据，结合机器学习和LightGBM模型，为运单和产品提供基于时空和地理维度的最小颗粒度双因子碳核算和减碳模型，实现多式联运和仓储场景下的全生命周期碳足迹管理。平台通过方法学和标准的工程化应用、无线无源传输技术与大数据分析，帮助企业通过MRV-T数据精准识别高排放源、评估能源效率，助力企业优化碳减排决策，降低碳履约成本	案例1：宜宾汇海亚洲之星零碳数字物流港数字化全生命周期碳能管理系统建设项目。建设规模：为占地195亩、建筑面积约65000m²物流港实现全生命周期碳排放管理。生态效益：项目周期内综合减碳量超过4000t 案例2：京东零售电商平台消费者碳普惠项目。建设规模：建设年度400000万张订单级计算量、每秒超过128次复合算力的数字化碳足迹平台。生态效益：项目日均减碳量192kg，平均每张订单减碳量16.38g
9	DMA分区计量漏损分析系统	环境基础设施	自主研制了一体化多参数融合DMA专用智能测量仪表，并基于此研发了适用于城镇供水管网的DMA分区计量漏损分析系统，利用流量、压力等所测参数构建数学模型，实现流量压力等多参数测量整合、功能集成、信息融合的智慧管网建设，提高管网运行可靠性，解决了多参数融合测量以及管网漏损监控、管网状态在线评价难等问题	案例1：重庆大学DMA分区计量漏损分析系统。建设规模：用水区域占地5300余亩，安装专用智能测量仪表300余只，主干网管径*DN*300。生态效益：年节水量达150万t，节约水资源费用500多万元，显著提升供水管网的数字化管理水平，降低管网漏损造成的水资源浪费和次生环境影响。 案例2：贵州安顺市供水管网DMA分区管理和水平衡监测系统。建设规模：新装专用智能测量仪表17000余台，其中户用表16000余台，大口径流量计1000余台。生态效益：有效提升供水管网精细化管理水平，减少供水管网漏损造成的水资源浪费和经济损失，降低塌陷等次生环境影响

续表

序号	技术名称	产业类别	工艺技术内容	应用案例
10	“一站多能”半地下式干湿双进料厌氧发酵技术	环境基础设施	采用半地下式一体化不锈钢厌氧发酵罐、全封闭式干湿双进料、38℃自动控温系统、远程智能控制系统及“热电联产”“余热回收”工艺，解决了传统沼气工艺无法处理固态有机废弃物和北方地区冬季运营的问题，实现了全年不间断持续、稳定处理有机废弃物的功能。通过自主研发装配式构件，6个月即可投产运营；实行“一厂一策”策略，可根据废弃物分布灵活建设，扩容不影响运营。本技术采用“污泥、农林废弃物等有机物湿式联合厌氧消化+沼气发电”的综合处理工艺；前端收集各类有机废弃物进入全封闭式干湿双进料系统混合成浆料，通过发酵罐进行处理，在无氧环境中，微生物分解有机物，产生沼气、沼液和沼渣	案例1：凉州区城乡有机废弃物资源化处理中心项目。建设规模：由5个子处理站构成，总厌氧罐容22000m^3。生态效益：该项目可处理各类有机废弃物34.5万t/a，生成沼气1205万m^3/a，其中管网供应沼气355万m^3/a，并网发电1700万kW·h/a；生成沼肥32万t/a，应用于高标准农田地力提升6万亩，水肥一体化滴灌施肥2万亩，荒漠化治理及盐碱地改良等4.4万亩；年碳减排量20万t。 案例2：黄河流域城市群城乡有机废弃物协同处理项目。建设规模：由4个市州的11个子处理站构成，总厌氧罐容89500m^3。生态效益：该项目可处理各类有机废弃物135万t/a，生成沼气4865万m^3/a，其中并网发电4317万kW·h/a，提纯生物天然气1624万m^3/a；生成沼肥130万t/a，应用于高标准农田地力提升24万亩，水肥一体化滴灌施肥8.1万亩，荒漠化治理及盐碱地改良等17.88万亩；年碳减排量81.25万t
11	基于大数据和AI的云网基础设施智慧节能技术	信息基础设施	基于大数据、AI、5G及大模型技术，研发了云边协同的云网基础设施智慧节能平台，采用深度学习、强化学习等算法建立全维感知、画像预测、自智决策、多模智控、参数寻优、安全保护等能力，通过构建大小模型结合的节能智能体，实现“一设备一策略”的精准、安全节能以及云网高效、绿色、智慧运营，降本增效	案例1：中国电信基站智慧节能项目。建设规模：1套云端基站AI节能大脑+31套省边缘侧节能采控引擎，大规模纳管31省跨厂家4G/5G扇区、智能开关以及云主机。生态效益：项目年节电量约8亿kW·h，年碳减排量约45万t。 案例2：北方电信某数据中心制冷系统AI节能服务项目。建设规模：针对机房开展智慧节能，目前已推广至全国30省，本项目涉及的数据中心包含多套制冷单元以及30多个机房。通过提供综合解决方案，搭建智慧节能平台实现精细化管控。生态效益：项目全年节电480多万kW·h，年碳减排量约2700t。全国已实施节能机房年节电总量达0.9亿kW·h

续表

序号	技术名称	产业类别	工艺技术内容	应用案例
12	海量数据活归档绿色（先进）存力技术	信息基础设施	根据海量数据增长与调用频率、冷热数据占比规律等，通过智能规划数据多级数据空间及“存算比”，优化配置设备，建立可频繁高效流转、精准寻址、独立回迁的技术架构。通过研发海量数据存储管理及设备调度的统一管理系统，实现数据智能冷热分级、分类归档迁移及回迁管理，降低数据中心的运行成本	案例：中国资源卫星应用中心数据储存管理项目。建设规模：各级产品数据等海量数据的统一存储和管理。生态效益：相比近线存储数据中心，能耗平均降低近70%，综合管理成本降低76%，系统性能提升70%以上
七、绿色服务				
1	基于模型融合的汽车碳排放管理平台技术实现方案研究与应用	运营管理	通过多模型融合技术，精准计算汽车组织碳、产品碳及相关产品的全生命周期碳足迹。核心技术包括：建立汽车行业供应链碳排放协查机制形成行业数据库；基于车联网大数据的碳足迹核算模型；识别各阶段碳排放驱动因素，覆盖产品、研发、制造、营销、服务等全过程	案例：中国一汽动力电池低碳设计及制备关键技术研究分析项目。建设规模：构建碳排放溯源及碳足迹量化系统，进行典型场景应用验证。生态效益：项目支撑典型动力电池生产和退役回收的减碳途径研究；降低动力电池生产过程中20%～30%的碳排放，提高材料回收利用率至85%以上
2	热升华绿色数字印刷技术	绿色技术产品研发认证推广	热打印（热转印/热升华）核心技术是利用染料晶体结构热升华的原理，合成包覆材料、晶体结构染料，达到基材高耐候性、色泽稳定性；利用高精度多轴张力控制、热升华色彩管理和精准发热体热量控制等技术，实现超大画幅绿色数字印刷	案例1：国网湖南超高压输电公司输电运检二分部警示牌、宣传牌热转印技术定制及安装服务项目。建设规模：防外破警示牌（塔上）30块、防外破警示牌（地面）100块、宣传牌200块，标识总面积700平方米。生态效益：折合年节能量5.18吨标准煤，年碳减排量14.04t。 案例2：湖南湘筑智能科技有限公司交通标识热转印技术服务项目。建设规模：标牌300块，交通标识面积4000m^2。生态效益：折合年节能量50.86tCE，年碳减排量122.68t

资料来源：发展改革委关于印发《绿色技术推广目录（2024年）》的通知（发改环资〔2024〕1812号）。

附录 2

《国家重点节能低碳技术推广目录》（2025 年版，石化化工行业节选）

序号	技术名称	技术内容	技术适用范围	典型项目
1	纯氢竖炉还原技术	该技术采用竖炉作为还原反应器、氢气作为还原介质，完全杜绝碳质反应剂的参与，避免还原过程中CO_2的产生以及海绵铁的渗碳，进而消除海绵铁熔炼过程中的碳氧反应	适用于以化工、钢铁领域副产氢及以电解水制氢为还原气的纯氢竖炉生产线	典型项目：中国钢研纯氢冶金技术开发中试基地建设项目。建设规模：纯氢竖炉示范工程占地40亩、设计产能5万t/a。减碳效益：与行业竖炉炼铁工艺相比，该项目应用氢基竖炉技术产生的年碳减排量为3.54万tCO_2
2	钢铁工业尾气生物发酵制乙醇技术	该技术是一种以气体为原料的生物发酵技术。气体主要成分为H_2、CO、CO_2等，通过微生物代谢反应，产生乙醇及新型饲料蛋白。该技术根据原料气组分不同，分为一代、二代技术。一代技术将以CO为主的原料气高效转化为乙醇，每转化6molCO产出1mol乙醇，同时放出4mol的CO_2，实现CO_2减排33%。二代技术在一代技术的基础上，将含有H_2、CO、CO_2的原料气高效转化，进一步实现CO_2的固定	适用于钢铁、冶金、煤化工、磷化工等行业	典型项目：河北首朗新能源科技有限公司4.5万t/a钢铁工业煤气生物发酵法制燃料乙醇项目。建设规模：设计能力为每年转化工业尾气$3.67\times108Nm^3$，生产燃料乙醇45000t、蛋白粉5000t、沼气$3.3\times106Nm^3$。减碳效益：项目应用技术后年碳减排量为5.28万tCO_2
3	氢冶金直接还原炼铁工艺技术	该技术以H_2为主、CO为辅的还原气体对氧化球团进行还原脱氧，同时伴随着焦炉煤气自重整反应和渗碳反应等，最终生成直接还原铁。焦炉煤气的主要成分H_2直接参与还原反应，还原产物H_2O作为CH_4重整的反应物，还原产生的金属铁作为CH_4重整的催化剂，重整反应可以在竖炉内连续进行，省去了常规竖炉工艺的重整炉环节	适用于国内高炉–转炉长流程钢铁生产企业向短流程生产的绿色低碳转型改造	典型项目：河钢集团张宣科技氢冶金示范工程。建设规模：一期建成投产55万tDRI/a。减碳效益：与常规竖炉工艺相比，项目实现年碳减排量67.1万tCO_2

续表

序号	技术名称	技术内容	技术适用范围	典型项目
4	小型化超临界安全清洁煤气发电技术	该技术使富余煤气进入煤气锅炉燃烧，生成蒸汽送入汽轮机发电。为进一步提升机组效率，采用再热技术，将汽轮机高压缸已经做了部分功的蒸汽再引入锅炉的再热器恢复温度，再送入汽轮机发电	适用于钢铁、化工等行业的低热值煤气/燃气的利用，并可延伸至热电联产、垃圾发电等领域	典型项目1：广西盛隆冶金有限公司产业升级技术改造工程（第二阶段）配套发电项目3×145MW超临界煤气发电工程。项目规模：3台145MW超临界煤气发电机组。减碳效益：与燃煤发电项目相比，该项目实现年碳减排量198.5万tCO_2。 典型项目2：九江线材1×145MW超临界煤气发电工程。项目规模：1台145MW超临界煤气发电机组。减碳效益：与燃煤发电项目相比，该项目实现年碳减排量66.2万tCO_2
5	介孔绝热材料节能技术	本技术是以介孔材料为核心绝热组分，辅以各种无机纤维以及添加剂制备的介孔复合技术原理制造绝热材料，可实现对纳米孔气凝胶绝热材料的升级替代	适用于工业绝热领域	典型项目1：宁波中金石化有限公司供PTA蒸汽管线保温升级改造项目。建设规模：改造管径DN400～DN500管道，长度5306m。减碳效益：相较于原保温方式，改造后热损失降低30%以上，年碳减排量2528.2tCO_2。 典型项目2：山东江盈热力有限公司输热管道保温改造项目。建设规模：管道直径：DN600，管道长度：25000m。减碳效益：相较于保温技术，年碳减排量1.01万tCO_2
6	大型绿色低碳纯碱技术	该技术开发了一整套大型化设备和新型节能设备，降低了纯碱生产的综合能耗。核心技术包括实现纯碱行业核心设备碳化塔的大型化，优化操作指标，降低了主要原料NaCl和CO_2的消耗；核心设备氯化铵结晶器的大型化，并优化改进操作参数，提高了结晶质量，延长了设备作业周期，降低了氯化铵干燥蒸汽消耗；在行业内首次采用节能的粉体流对轻灰产品进行冷却；采用液氨蒸发外冷器配轴流清洗泵技术，有效缩短清洗时间，提高清洗效果；对蒸汽冷凝液进行梯级闪发利用，回收蒸汽冷凝液中的余热，轻灰煅烧采用自身返碱蒸汽煅烧炉	适用于化工新建纯碱装置，也适用于既有纯碱生产装置的节能改造	典型项目1：江苏华昌股份有限公司纯碱生产项目。建设规模：年产60万t纯碱和氯化铵。减碳效益：与原生产工艺相比，该项目实现年碳减排量12.81万tCO_2。 典型项目2：中盐昆山股份有限公司纯碱生产项目。建设规模：年产80万t联碱装置。减碳效益：与原生产工艺相比，该项目实现年碳减排量17.29万tCO_2

续表

序号	技术名称	技术内容	技术适用范围	典型项目
7	二氧化碳资源化耦合硫酸钠废水/废盐制碳酸氢钠技术	该技术以化工工业产生的硫酸钠高盐废水或硫酸钠废盐为原料，与工业副产二氧化碳、液氨耦合复分解反应制备碳酸氢钠联产硫酸铵，实现了大宗低值硫酸钠固废的综合利用	适用于化工、冶金、医药、新能源材料等行业产生的硫酸钠废盐处置	典型项目1：四川省洪雅县青工科技有限公司钙芒硝矿废弃物资源化处理及生态环境保护项目。建设规模：年处理40万t钙芒硝矿废石，年产10万t小苏打、9万t硫酸铵。减碳效益：与常规小苏打生产工艺相比，该项目可实现年碳减排量1.77万tCO_2。 典型项目2：辽宁虹京实业有限公司硫酸钠废水高值转化制小苏打项目。建设规模：年处理23万m^3硫酸钠高盐废水，年产3.5万t小苏打、4万t硫酸铵。减碳效益：与常规小苏打生产工艺相比，该项目可实现年碳减排量2.79万tCO_2
8	水煤浆水冷壁直连废锅气化炉技术	该技术将气化原料水煤浆和氧化剂通过组合式工艺烧嘴从顶部进入气化炉燃烧室。雾化后的水煤浆与氧气在燃烧室内高温高压环境下发生氧化还原反应，生成以CO和H_2为主要成分的合成气。气化炉燃烧室衬里采用垂直悬挂自然循环膜式水冷壁，通过水冷壁表面的凝渣保护，气化温度可以提高至1500℃以上	适用于石化化工、冶金等行业煤气化领域	典型项目：河南金大地化工有限责任公司年产45万t合成氨搬迁改造项目。建设规模：年产45万t合成氨。减碳效益：相较于原设备，改造后项目年碳减排量为35.43万tCO_2
9	磁悬浮真空泵节能技术	该技术研发的磁悬浮真空泵，利用可控电磁力将电机转子悬浮支撑，由高速永磁同步电机直接驱动高效三元流叶轮，省去传统齿轮箱及皮带传动机构，机械传动无油润滑、无接触磨损。技术主要包括高动态响应磁悬浮轴承系统、高稳定磁力电机系统及其控制技术、高效磁悬浮真空脱水系统、远程智慧运维体系等磁悬浮综合节能关键技术	适用于工业领域传统真空泵机替换	典型项目1：潍坊恒联特种纸有限公司造纸机成形部真空系统改造项目。建设规模：将1台原水环式真空泵替换为1台磁悬浮真空泵。减碳效益：相较于原设备，通过节电实现年碳减排量451.7tCO_2。 典型项目2：泰中特种纸有限公司1号生产线造纸机真空设备升级改造。建设规模：将4台原水环式真空泵替换为1台磁悬浮真空泵。减碳效益：相较于原设备，通过节电实现年碳减排量921.6tCO_2

续表

序号	技术名称	技术内容	技术适用范围	典型项目
10	电除尘用高频高压智能控制技术	该技术把三相工频电源通过整流形成直流电，通过逆变电路形成高频交流电，再经过整流变压器升压整流后，形成高频脉动电流送除尘器，其工作频率可达到20~50kHz，除尘效率可达到99.99%	较为有针对性地应用于电力、冶金、水泥、造纸、化工等行业的粉尘治理行业节能减排方向	典型项目1：美克化工绿色制造技术改造一体化建设项目。项目规模：改造高频电源8台（套）。减碳效益：与原设备相比，改造后项目实现年碳减排量660.681tCO_2。 典型项目2：鑫达原料厂4#、5#、6#、7#电除尘智能节能改造项目。项目规模：4#、5#、6#、7#电除尘高频脉冲电源智能节能改造。减碳效益：与原设备相比，改造后项目实现年碳减排量1445.54tCO_2
11	工业煤气内燃机高效发电技术	该技术将工业废气经除尘净化后，利用燃气内燃机发电机组进行高效燃烧产生电能和热能。构建了低热值可燃气体稳定燃烧的多目标控制模型；设计了一种低压阻高效燃气混合装置，减少了燃气与空气的混合损失；采用气源前馈-反馈控制策略，减少了燃气组分波动对燃烧性能的影响；耦合数字高能点火技术与燃烧室湍动能，开发了一种均质稀薄低温高效清洁燃烧系统	适用于钢铁冶金、石油化工、采矿等行业生产中产生的可燃尾气发电综合利用，以及各种含有一氧化碳、甲烷、氢等可燃气体的矿热炉废气	典型项目1：内蒙古科翰冶金有限责任公司高碳铬铁矿热炉煤气发电项目。建设规模：12×1.2MW。减碳效益：项目运营后应用工业煤气发电上网，实现年碳减排量4.48万tCO_2。 典型项目2：内蒙古瑞濠新材料科技有限公司硅锰密闭炉煤气发电项目。建设规模：22×1.5MW，新建电厂110kV变电站系统。减碳效益：项目运营后应用工业煤气发电上网，年碳减排量11.9万tCO_2
12	永磁涡流柔性传动节能技术	该技术是利用稀土永磁的磁场作用驱动负载工作，实现电机与负载之间无接触的扭力传递，实现能量的空中转移，具有低碳节能、安全可靠、绿色环保等优势。具体产品为“永磁联轴器”“永磁调速器”，可以提高电机系统整体能效，降低电机系统的维护成本，延长电机系统的使用寿命	适用于冶金、电力、石化、矿山、水泥、造纸、水处理等行业的各类电机传动系统，尤其适用于风机、水泵等高耗能场合以及皮带机、破碎机、提升机、抽烟机等现场运行振动较大的冲击性负载	典型项目1：鞍钢股份有限公司炼钢总厂三分厂LF炉除尘风机永磁调速节能改造项目。建设规模：一台LF炉除尘风机进行安装永磁调速器进行节能改造（全年运行8400h左右）。减碳效益：与改造前相比，项目可实现年碳减排量1111.27tCO_2。 典型项目2：鞍钢炼铁新1#高炉热风炉助燃风机永磁调速节能改造项目。建设规模：一台1#高炉热风炉助燃风机实施永磁调速节能改造（离心式电动风机，适配电机功率为1120kW，转速1483r/min）。减碳效益：与节能改造前相比，项目实现年碳减排量701.23tCO_2

续表

序号	技术名称	技术内容	技术适用范围	典型项目
13	一种离网智慧工业照明技术	该技术结合N-LED技术在电路基板上设置150颗以串联方式连接LED灯珠，解决单颗LED灯珠之间V_f（正向电压）差异引起的电流一致性问题。采用增压技术将驱动电源改为Boost拓扑结构，实现高电压低电流输出，驱动输出电压>400VDC。利用驱动模块以增压电路方式保证每颗灯珠激发后色温寿命一致、发光效率最高	适用于工业、商业、体育、道路等照明领域	典型项目：湖北达能食品饮料有限公司车间智能照明改造项目。建设规模：对车间合计8500盏84W灯具进行改造，改造为40W的N-LED具有离网技术的照明灯具。减碳效益：与原照明方案相比，项目实现年碳减排量为4576tCO_2
14	多产化工品的炼化流程再造绿色低碳技术	该技术集成浆态床渣油加氢裂化技术、重油催化裂解技术、柴油分离及高效转化技术、逆流重整技术、高效低碳芳烃成套技术、轻烃一体化技术和原油直接蒸汽裂解等一系列炼化新工艺，实现原油多产化工品的单位能耗消耗和碳排放降低	适用于炼化企业	典型项目1：中国石化安庆石化公司炼油转化工结构调整项目。建设规模：炼油厂规模800万t/a，其中重油催化裂解300万t/a。减碳效益：应用技术后，项目乙烯和丙烯收率提高6个百分点，BTX（轻质芳烃）收率提高7个百分点以上，汽柴油收率降低20个百分点。项目实现年碳减排量150万tCO_2。 典型项目2：中国石化海南炼化920万t/a炼油与60万t/a芳烃联合装置项目。建设规模：920万t/a炼油与60万t/a芳烃，包括芳烃抽提、歧化及烷基转移、BT分离、异构化、二甲苯分馏、吸附分离单元及配套工程。减碳效益：该项目采用原油直接裂解技术，可实现吨乙烯能耗低于559kg标油，年碳减排量可达到2.39万tCO_2
15	化工蒸馏中低温余热综合利用技术	该技术研发应用高温高压离心式水蒸气压缩机，实现了化工领域精馏工艺中蒸汽余热的高效回收利用。技术核心装备高温高压离心式水蒸气压缩机突破了双叶轮背靠背布置型式、压缩机进口过热度控制技术，提出了高速离心叶轮全三维均匀加载设计方法，研发了自回热式氮气隔离密封技术，开发了全自动压缩机控制系统	适用于化工工业中低温余热的回收再利用	典型项目1：江南化工蒸汽凝液余热利用项目。建设规模：凝液290t/h、产蒸汽14.2t/h。减碳效益：项目因余热回收利用带来的年碳减排量为2.69万tCO_2。 典型项目2：新安化工草铵膦浓缩塔顶气增压再利用项目。建设规模：塔顶水蒸气6.8t/h。减碳效益：项目因余热回收利用带来的年碳减排量为1.27万tCO_2

续表

序号	技术名称	技术内容	技术适用范围	典型项目
16	多孔介质燃烧技术	该技术将气体燃料和氧化剂预混后在多孔介质空隙内或表面进行燃烧，气体在介质空隙内部产生旋涡、分流与汇合等剧烈扰动，燃烧更加充分、均匀，燃烧产生的热量通过介质本身的导热和辐射效应不断地向上游传递并预热新鲜燃气，同时通过多孔介质本身的蓄热能力回收燃烧产生的高温烟气余热，热量产生和利用率更高	适用于工业燃烧产热用热场景	典型项目1：某集团重庆某汽车玻璃钢化炉产线新建项目2。建设规模：为8条钢化玻璃生产线配套安装8台燃气玻璃钢化加热炉设备，年用气量1500万m^3。减碳效益：相较于电加热炉技术，年碳减排量2.62万tCO_2。 典型项目2：韶关锌冶炼加工节能改造项目。建设规模：为烧结车间、熔炼车间、锌精馏车间和动力车间开展节能改造。减碳效益：较项目改造前，年可节约天然气750万m^3，年碳减排量1.67万tCO_2
17	节能长寿命铝电解槽阴极制造技术	该技术自主开发了先进的配套阴极组燃气预热装置，通过系统性燃控系统试验、加热试验、循环温升温控试验、浇铸试验等，形成了一整套成熟的阴极组装、浇铸工艺及配套管控技术，通过改变阴极钢棒与阴极炭块的连接方式及组装形式，优化了阴极导电结构，从而实现电解槽铝液中水平电流与阴极压降双重大幅降低	适用于160~640kA电解槽新建及技术升级	典型项目1：广西华磊新材料有限公司电解槽阴极炭块供应项目。建设规模：500kA电解槽7140组阴极炭块组。减碳效益：相较于石墨质扎糊阴极组技术，应用该技术吨铝可节电约200kW·h，年碳减排量6.5万tCO_2。 典型项目2：广西来宾银海铝业有限责任公司。电解槽节能改造项目建设规模：330kA电解槽7614组阴极炭块组。减碳效益：相较于石墨质扎糊阴极组技术，该项目的年碳减排量5.1万tCO_2

图 2-4　2010—2020 年全球各个主要碳市场价格变化
（*表示地区性或者省级碳市场　**表示国家级碳市场）

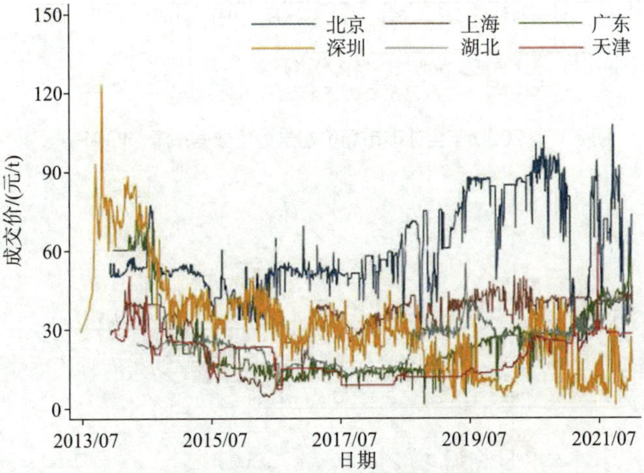

图 2-8　我国试点碳市场配额价格
（数据来源：Wind数据库，碳交易网）

图 2-11　开市以来的全国碳市场交易情况

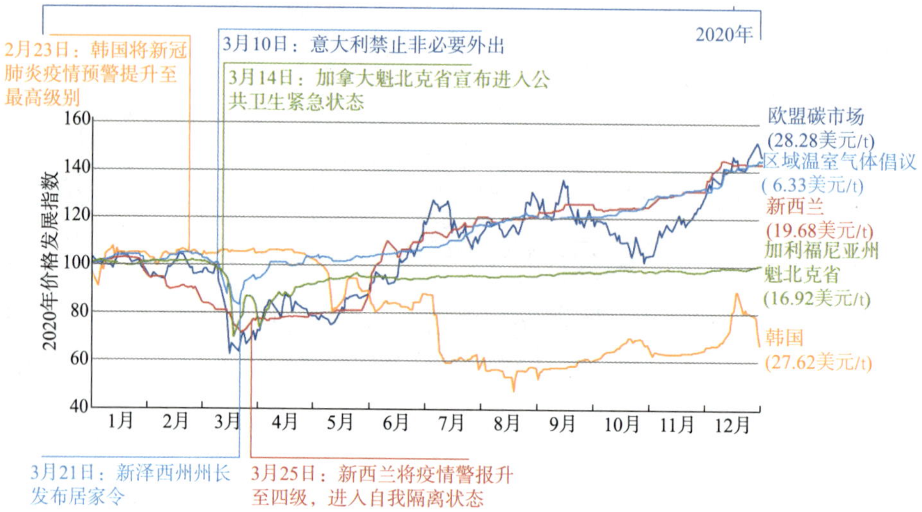

图 6-1　2020 年全球碳市场价格走势（数据来源：ICAP）

图 6-8　ThyssenKrupp Steel Europe AG 公司第一阶段配额管理模式活动数据

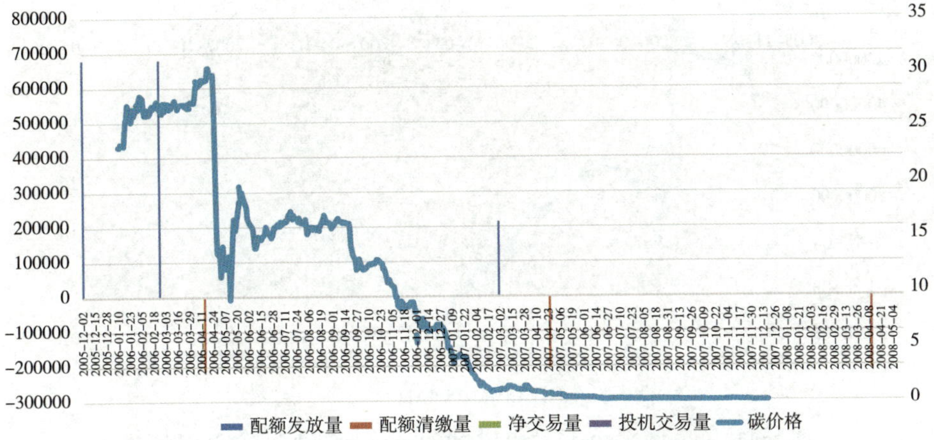

图 6-9　VERSALIS FRANCE SAS 公司第一阶段配额管理模式活动数据

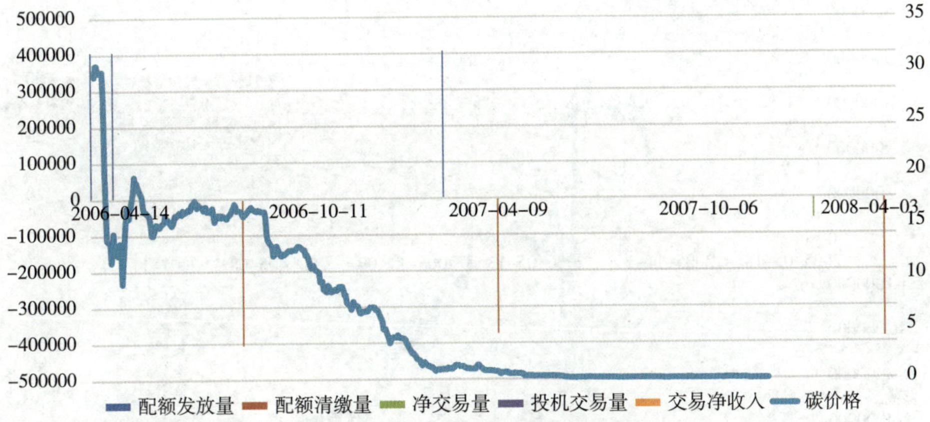

图 6-10　COFELY 公司第一阶段配额管理模式活动数据

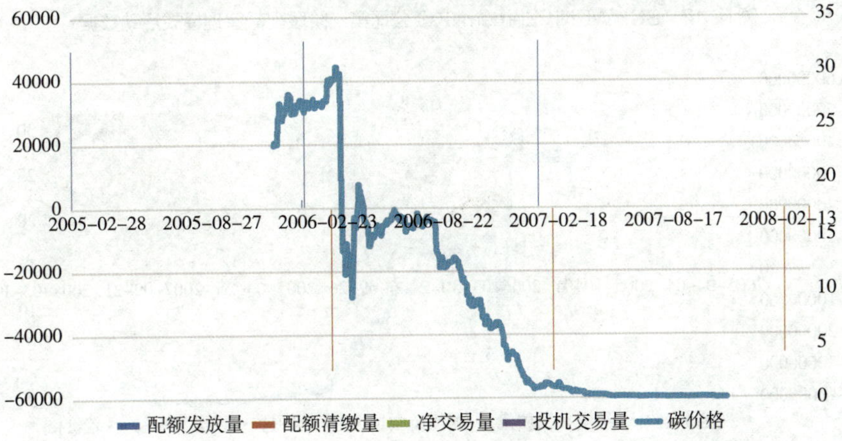

（a）AcademischMedisch Centrum

（b）CIMENTS CALCIA

图 6-11　AcademischMedisch Centrum 公司与 CIMENTS CALCIA 公司第一阶段配额管理模式活动数据

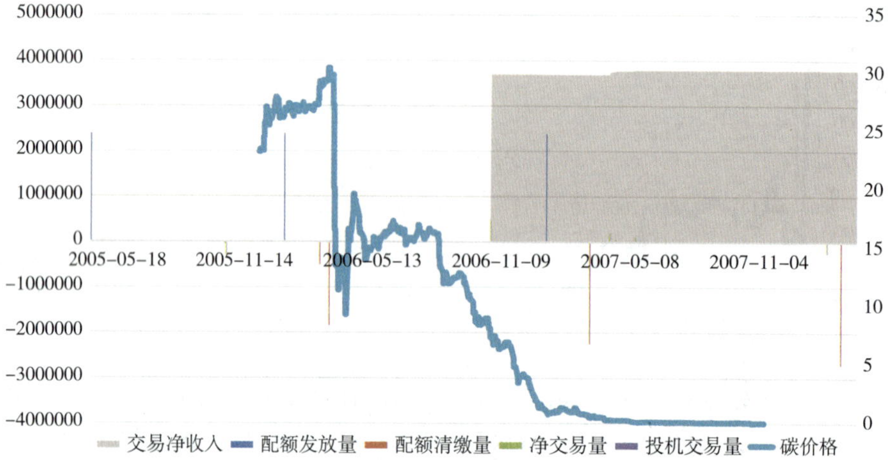

图 6-12　SCHWENK Zememt KG 公司第一阶段配额管理模式活动数据

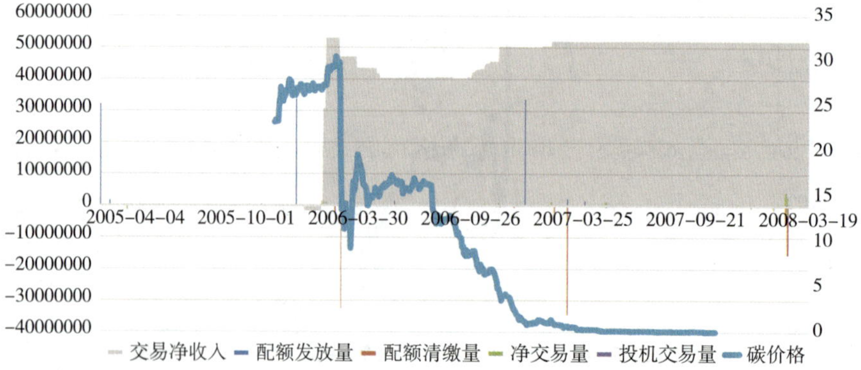

图 6-13　E.ON Kraftwerke GmbH 公司第一阶段配额管理模式活动数据